心理策略
入门

"推开心理咨询室的门"编写组　编著

⊿ 中国纺织出版社有限公司

内 容 提 要

任何一个人，要想在交际中左右逢源，要想占领竞争的制高点，要想获得真正的朋友，拥有圆满幸福的人生，就要学习一些心理策略。心理学上的种种策略，有助于你做出更好、更有价值的人生选择。

本书是一本实用心理学教程，从日常生活中常见的一些心理现象出发，运用了大量生动有趣的案例，教你从细微处辨析他人的内心，并运用心理策略轻松获得他人的信任。希望本书能帮助广大读者朋友洞悉他人内心，看透事情本质，读完这本书，你会发现眼前豁然开朗，人生更加从容。

图书在版编目（CIP）数据

心理策略入门／"推开心理咨询室的门"编写组编著. -- 北京：中国纺织出版社有限公司，2024.7
ISBN 978-7-5229-1678-1

Ⅰ．①心… Ⅱ．①推… Ⅲ．①心理学—通俗读物 Ⅳ．①B84-49

中国国家版本馆CIP数据核字（2024）第075851号

责任编辑：王 慧　　责任校对：王花妮　　责任印制：储志伟

中国纺织出版社有限公司出版发行
地址：北京市朝阳区百子湾东里A407号楼　邮政编码：100124
销售电话：010—67004422　传真：010—87155801
http://www.c-textilep.com
中国纺织出版社天猫旗舰店
官方微博 http://weibo.com/2119887771
天津千鹤文化传播有限公司印刷　各地新华书店经销
2024年7月第1版第1次印刷
开本：880×1230　1/32　印张：8
字数：120千字　定价：49.80元

凡购本书，如有缺页、倒页、脱页，由本社图书营销中心调换

前言

不知你是否有过这样的经历：

逛街时，你明明不是很喜欢某个东西，却因为导购的巧言推荐而买下了；原本看不惯的两个人，最后却成了知心朋友；原本无话不谈的两个人，最终老死不相往来；朋友求助于你，原本你打算拒绝，但最后却因为对方的三言两语而答应了……

为什么会发生这些情况呢？其实，这都是因为心理因素在作怪。有人说，这世界上最难摸清楚的就是人的心理，所以才有了"知人知面不知心"的说法。事实上，人们的众多行为都受到心理的支配。

法国文学家罗曼·罗兰曾说："人类的一切生活，其实都是心理生活。"的确，在我们的生活中，无时无刻不在上演着各种各样的心理战，心理学渗透到我们的工作、生活、人际交往的各个方面。可以说，心理学正在影响甚至塑造着我们的生活。

与人打交道的过程中，我们总是捉摸不透他人的心理，所以当他人做出某些让我们寒心或者不可思议的事情时，我们总是无能为力，不知道如何应对。

事实上，有的时候，我们不但摸不透他人的心理，就连我们自己的心理也把握不透,因此我们有必要学点心理策略。

伟大的心理学家荣格曾说过:"心灵的探讨必将成为一门十分重要的学问,因为人类最大的敌人不是灾荒、饥饿、贫苦和战争,而是我们的心灵自身。"心理学是一种武器,是一剂良药,更是一缕春风。

从某种角度而言,学点实用的心理策略对我们非常有用。著名行为心理学派大师阿尔伯特·班图拉曾说:"心理学不能告诉人们应当怎样度过一生,但是,它可以给人们提供影响个人变化和社会变化的手段。而且,它能帮助人们去评估可供选择的生活方式及社会管理的后果,然后做出价值抉择。"

事实上,无论是人际交往还是做人做事,都与心理学有着不可分割的关系。中国古代兵法云:"用兵之道,攻心为上,攻城为下;心战为上,兵战为下。"这一兵法尤其在现代社会社交生活中大有用武之地,如果不懂心理学,即便你口若悬河、煞费周章,最终结果也可能南辕北辙、毫无效果;相反,如果懂得心理学,可能只需付出一点点,便能洞悉对方内心世界,从而先入为主,占尽社交先机,达到交际目的。

因此,生活中的每个人都应该学点实用心理策略,它能帮你认清周围的环境,获得辨别他人内心的能力,可以使你看破一个人的真伪、洞悉他人内心深处潜藏的玄机,让你摆脱无所适从的困惑,进而懂得以不变应万变,进而指导你怎么说话、怎样做事，让你从容应对各种人际关系，不再四处碰壁，牢牢地掌握人生的主动权，而本书就是这样一个心理指导书，可以帮助你处理好各种纷繁复杂的人际关系，让你多长几个心眼，从容处世。

编著者

2023年11月

目录

第1章

心理揣摩：如何洞悉对方真实的心理意图

善于观察，捕捉对方微表情背后的真实心理 // 003

从行为看穿对手的心思 // 005

如何揣摩陌生人的心理 // 007

从朋友的言辞来探测一个人的品性 // 009

他人谎言背后隐藏的是什么心理 // 011

身处职场，如何看穿同事的复杂心理 // 013

第2章

心理赞美：如何用三言两语让对方喜笑颜开

贝勃定律：别轻易赞美 // 017

赞美必须要说到对方心坎里 // 019

从细节处赞美更见效 // 022

赞美不能过分，不然有"毒" // 024

赞美要自然，锻炼赞美的功力 // 026

他人对你的赞美，要小心对待 // 028

赞美能让弱者瞬间强大起来 // 030

第3章 心理自助：如何运用心理策略解救自己

松紧有度，弹簧心理调节策略 // 035
自我审视，合理评估自我能力 // 037
适时给自己一剂稳定心理的强心药 // 039
少一点比较心理，多一点开怀 // 042
瓦伦达心态：专心做事，患得患失要不得 // 044
多自省，方能看清自己 // 046
詹森效应：在关键时刻要懂得心理保护 // 048
以发展的眼光看问题 // 050
看淡成败得失，得到悠然心境 // 052

第4章 心理博弈：如何运用博弈抢占先机

谨慎相处，博弈出好人缘 // 057
登门槛效应：一点点攻破他人的心理防线 // 059
爱情中的博弈策略 // 061
买卖其实是一场心理博弈 // 063
管理者与下属之间如何博弈 // 065
气势强大，先威慑他人内心 // 067

第5章 心理说服术：改变对方抉择的心理策略

换个角度，从对方能接受的方面入手 // 071
给对方戴个高帽子，使其不敢下来 // 074
利用对方的逆反心理，激发其挑战欲 // 076
利用对方的从众心理，使其认同 // 078
给对方一点小诱惑，能起到好的效果 // 080
通过权威效应，让他人轻易接受 // 082
手表定律：两个人同时说服时说法要一致 // 084
谈谈反面教材，让对方产生畏惧心理 // 086
诱导式劝服，不战而屈人之兵 // 088
巧用暗示说服术 // 090

第6章 巧设心防：如何巩固自己的心理防线

谨慎对待那些爱挑毛病的人 // 095
时刻保持理智和清醒，识破他人的心理 // 097
言多必失，远离那些八卦者 // 099
他人的心机与城府，该如何看待 // 101
刺猬法则：人与人之间需要一定的安全距离 // 103
做事时多考虑一点，避免被人发难 // 106

第7章 驾驭人心：如何了解对方的心理动向

通过影响旁人来影响他人 // 111
鲇鱼效应：巧施小计让对方紧张 // 113
热炉效应：怕烫就会退缩 // 115
预测对方的需求，随时调整心理策略 // 117
冷热水效应：调控对方的心理 // 119
利用对方的崇拜心理来鼓励其追逐 // 121
帮对方做预算，为其描绘美好蓝图 // 123
软化效应：通过给予好的环境来驾驭对方 // 125

第8章 心理暗示：如何潜移默化施加影响

暗示他人自己形象良好 // 129
运用积极的暗示鼓励他人 // 131
巧施小计让对方将关注点放到你的暗示上 // 133
巧妙暗示，让你的上司乐意接受你的加薪请求 // 135
巧妙将你的喜恶暗示给对方 // 137
如何将暗示运用到批评与提意见中 // 139
回避也能起到暗示的作用 // 141
借用其他事物联想，以此来引发联想 // 143
自我暗示有哪几种心理策略 // 145

第9章 心理拒绝：如何在不伤和气的情况下拒绝他人

别做"好好先生"，善于拒绝他人 // 149
先表达你的谢意，再委婉拒绝 // 151
顾左右而言他，对方自会明白你的意思 // 153
巧妙暗示，让对方心知肚明 // 156
适时拖延也是温和的拒绝方法 // 158
巧妙借助第三者帮你拒绝 // 160
善用自嘲的方法委婉拒绝对方 // 162
面对合理的请求，拒绝要小心谨慎 // 164
表达自己的难处，让对方无法开求人之口 // 167

第10章 柔化人心：善用柔情化开人与人间的冰霜

用善良来感化那些阴暗的心 // 171
眼泪的功效：让对方产生怜悯之心 // 173
以情动人，有时候理性解决不了问题 // 175
对人宽容，人际之间才易形成宽松的关系 // 177
不予争执，用感恩融化对方的心 // 179

第11章

赢取人心：如何积累良好的人脉

谦逊待人，让对方乐意指导你 // 183

与人打交道，必须学会忍耐 // 185

为对方打个圆场，为其保留面子 // 187

记住对方的名字，令其欣慰 // 189

雪中送炭比锦上添花更得人心 // 191

善于迎合他人，令其感受到重视 // 193

第12章

从心沟通：如何在言谈之间掌握对方的内心

空白效应：适时沉默好处多多 // 197

顺应对方的个性心理，选对沟通方式 // 199

总结共鸣，拉近彼此心理距离 // 202

让对方读懂你想让其更了解你的心思 // 205

适当自嘲，让言谈在轻松的环境下进行 // 207

听人说己，能帮助我们更轻松地把控人心 // 209

让你的身体助你表达心理 // 211

打开对方兴趣的话匣子，令其愿意说下去 // 213

欲扬先抑定律，最后说出的好话 // 216

幽默让沟通更有趣味 // 218

用你的神情表达对对方言辞的关心和专注 // 220

第 13 章

掩藏内心：如何掩饰内心真正的意图

晕轮效应，懂得隐藏自己的弱点 // 225

声东击西，让对方摸不着头脑 // 227

首因效应：给人留下良好的第一印象 // 229

谨言慎行，不要轻易暴露自己的情绪 // 231

懒蚂蚁效应：安静观察，再采取行动 // 233

适时将自己的优势隐藏起来 // 235

表露天真，心藏城府 // 237

以退为进，蓄势待发 // 239

参考文献

第1章
心理揣摩：如何洞悉对方真实的心理意图

只有准确无误地揣摩对了对方的心思，你才能知道别人在想什么，别人在做什么。而事实上，别人的心思被你看穿了之后，你就能在与他们的交往和接触中表现得游刃有余。例如，站在对方的立场考虑问题，这样就可以体会到他的心境，看穿他的心理。通过观察他人待人接物的方式，观其细微的表情，才能洞悉对方的真实想法。

善于观察,捕捉对方微表情背后的真实心理

在与人的交际中,密切观察对方态度的变化,也相当重要。身体动作、手势、眨眼、脸部表情和咳嗽等,对方的每一个动作或表情,都能表示多种含义。有时交谈者有意识地用这些代替有声语言,而正是这些无声的微表情才显露出一个人的真实心思。

小范负责和一家大型企业谈判,在经历了千辛万苦,运用了种种办法终于打听到了对方的谈判底价,但是对于这个价格,小范还不确定,心里没底。再一次正式谈判开始后,小范报出了和这个价格十分相近的一个价格,此时小范注意到,对方的谈判代表表情微微一怔,这就证实了,小范打听到的这个底价是八九不离十的。

在与人的交往中,尤其是在商务谈判中,一个善于揣摩对方心理的人往往懂得捕捉对方微小表情的变化,并能从对方的这些表情变化中揣摩出对方的真实心理,摸清对方的需要,从

而使自己立于不败之地。那么，如何捕捉到对方表情的微小变化呢？

试试这样做

1. 善于观察

一个人能养成善于观察的习惯，就可以在与别人的交际中游刃有余。因为这样就能随时观察到对方表情或是肢体的变化，哪怕是微笑的变化，也逃不过这一类人的眼睛。

2. 善于向对方提出问题

提问，作为了解对方需求、掌握对方心理的手段，也是人们经常用到的方法之一。在对方滔滔不绝的议论中，利用提问随时控制谈话的方向，以此摸清对手心理。有时候，一个巧妙的问题，就会引起对方表情或言语的变化，从而对对方的心理作出判断。

3. 学会从微表情中洞察对方的真实意图

心理学家研究表明，"微表情"最短只持续1/25秒。所以这个下意识的表情可能只持续一瞬间，但这个瞬间很容易暴露情绪。当面部在做某个表情时，这些持续时间极短的表情会突然一闪而过，有时表达相反的情绪。

从行为看穿对手的心思

一个人外在的行为动作通常能表现其内心的真实想法,当你和一个人打交道的时候,要想知晓对方的心理,就要注意观察对方的行为举止。

威廉被法官指控有罪,面对法官的询问,他就是不肯承认自己有罪。就在法官准备放弃的时候,其中一名法官发现,当法官问到某些具有轰动性的案子时,威廉总是不自觉地伸手摸摸自己的鼻子。这让法官觉得,威廉犯下的案子绝对不仅仅是这些。经过法官的千辛万苦调查,威廉的罪状终于被彻底查清。

当和自己的对手针锋相对的时候,如果你无法从对手的话语中找到破绽,这时不妨静下心来,冷静地观察对方的行为,如果你观察仔细的话,就可以找到战胜对手的突破口。谎言可以欺骗别人,行为动作却骗不了别人。那么,在与对手的较量中,该如何通过行为来知晓对手的心思呢?

试试这样做

1. 人的坐姿可以显露出对方的心理

有些人总是正襟危坐,给人的印象通常是权威严谨;有些人喜欢侧身坐,这类人普遍心态平和,不拘小节;有些人会猛然坐下,这类人内心通常紧张不安,希望通过坐下来掩饰自己的消极情绪。

2. 观察对方的一些多余姿势

在严肃的环境中,任何多余的姿势都表明某人正在试图表现得沉着、自信或不在意。例如,一个人可能利用打哈欠来假装自己很放松、很冷静或是很无聊。

3. 注意细节上的一些小动作

对手通常会不自觉地做出一些小动作,比如,摸鼻子、挠头等,表明对手拿不定主意,犹豫不决,这时候就要抓住机会,击败对方。

如何揣摩陌生人的心理

就实际上的人际交往经验而言,想要立刻获得陌生人的信任,或者揣摩出陌生人的心里在想些什么,是一件难上加难的事情。一个成功的销售员要想让一个陌生的客户停下脚步,第一句话就一定要说到他的心坎里,否则之后说再多也只是废话。那么,如何才能揣摩出陌生人的心理呢?

试试这样做

1. 寻找与陌生人之间的共同点

陌生人相见,一个人的心理状态、精神追求、生活爱好,等等,或多或少地都会通过他们的表情、服饰、谈吐、举止等方面表现出来,只要你善于观察,就会发现你们的共同点,从而进一步揣摩陌生人的心理。

2. 从别人的介绍中揣摩对方

遇到朋友的新朋友,朋友会马上出面为双方介绍,说明双方与自己的关系,各自的身份、工作甚至个性特点、爱好,等等,细心人从介绍中可揣摩出对方与自己有什么共同之处,以进一步开展交流,有时会感到相见如故。

3. 从肢体语言揣摩对方个性

面对初次见面的陌生人,有人习惯盯着对方看,这代表他的警戒心很强,不容易表露内心情感。所以面对他们时,要避免出现过度热情或是开玩笑的言语。而有些人谈吐、穿着不拘小节,也能反映出他个性随和。

4. 细加揣摩,仔细分析

为了揣摩与陌生人的共同点,应该留心他们跟别人的谈话,对他们的谈话进行分析、揣摩。如果你能够与这样的人直接谈话,更要认真揣摩对方的话语,从中发现共同点,才能进一步揣摩对方的心理。

总之,揣摩初次见面的陌生人的心理,远比揣摩自己熟悉的人的心理更为复杂,这就更需要你细心观察,仔细揣摩,从而进一步抓住陌生人的心理。

从朋友的言辞来探测一个人的品性

面对初次见面的人,自己对他毫无了解,这时候就可以通过朋友的介绍来对他做出一个初步的判断,从朋友的话语当中来揣摩对方的个性特征、喜好和大致品性,为进一步交往打下基础。

小王去同学家串门,在同学家中碰到了小张,热情的同学立马介绍小王和小张认识。从朋友的热情介绍当中,小王隐约觉得小张应该也是朋友的同学。经过询问,证实小张是朋友的小学同学。于是,小王和小张两个人就围绕着同学这一话题展开了谈话,两个人最终都有相见恨晚的感觉。

对于朋友的朋友,我们了解对方最好的方法就是从侧面来了解一个人,那么,朋友的介绍就是最好的方式之一。从朋友的介绍中,我们可以对新认识的朋友有一个大概了解,从而猜测、揣摩对方的心理。那么,如何从朋友的话中推测对方的品性呢?

试试这样做

1. 从朋友的介绍中寻找共同点

从上面的例子中我们可以看到，小王和小张都是朋友的同学这个共同点，他们马上就围绕"同学"这个突破口进行交谈，相互认识和了解，由此变得熟悉起来。将共同点在交谈中延伸，不断地发现新的共同话题。

2. 从朋友的介绍中猜度对方的脾性

从朋友介绍的话语中，我们也可以适当地对他人做一些揣摩，然后加以分析。朋友的介绍评价一般来说是十分中肯的，只要你是一个细心人，就能从这些话语中对对方的脾性猜个八九不离十。

3. 仔细观察，随机应变

有些人希望朋友介绍自己时，说自己的优点，而不希望他说自己的缺点，当朋友说到自己缺点的时候，通常会有一点表情的细微变化。我们要仔细观察，随机应变，避免交谈过程中出现尴尬。

他人谎言背后隐藏的是什么心理

我们一生有大量的时间在和他人沟通交流,但我们不是有话就说,想说什么就说什么,有时也会说些善意的谎言。

小丽去参加一个家庭晚宴,她称赞女主人的蛋糕做得真好,比外面买的还好吃。而事实上,小丽早已经不小心在他们家车库里发现装蛋糕的盒子,上面还留有标价。但是小丽不想破坏宴会的气氛,而是说了善意的谎言。

当然,我们要分辨一个人到底是善意的谎言,还是真正地欺骗人,就必须全方位地解读他的肢体语言,简单地观察一两个动作,揣摩出说谎者的心理。那么,说谎者背后都有着怎样的心理呢?

试试这样做

1. 为哗众取宠而说谎

为哗众取宠而说谎指的是自吹自擂、虚张声势等行为。例如，有些人明明办不到的事情却谎称可以轻松搞定。他们之所以这么做完全是想在人前显贵，想要引起别人的注意，不想让别人认为自己很蠢笨等心理在作祟。

2. 为了保护自己而说谎

人们常常有这样一种倾向，即在无意识中忘记那些令自己不愉快的事情。即使有时候想起来，也会想办法狡辩，并试图将责任推卸到别人身上。这是一种后天的自我保护法，即"自我防御机制"，人们通常是在不知不觉中运用这种机制的。

3. 为既得利益而撒谎

这类行为指的是为了自己的利益而说谎。有些销售人员介绍、出售本公司的产品时，这种谎言很常见。他们这么做完全是为了获得某种特定的好处，所以不惜言过其实来美化、宣传自己的产品。

身处职场，如何看穿同事的复杂心理

在职场中，同事之间的交往是最频繁的。虽说这个圈子说大不大、说小不小，但是相当复杂，要想真正做到与同事和平相处是十分不易的，谁也无法回避这个问题。所以，与同事相处善于把握好彼此之间心与心的距离，洞悉同事的心理活动。那么，如何才能看清同事的复杂心理呢？

试试这样做

1. 在默契中了解同事心理

在与人的交往中，彼此间如果能培养出高度的默契，将会对双方都大有好处。同事之间也需要默契。有了默契，处理任何事情都将非常顺利、便捷，而且一旦形成了默契，就如同在人与人之间添加了润滑剂，关系融洽、心情愉快，工作效率会提高，工作氛围也会十分舒适。

2. 站在对方的立场看问题

这也就是俗话常说的"将心比心"，心理学上称为"心理位置互换"。站在对方的立场看问题，满足对方的需求，是不变的成功之道。工作中,同事之间不免会有摩擦,这时大家试着冷静下来,把自己摆在对方的位置上来处理问题,换位思考一下,你会怎么做?相信这时的你应该不会怒发冲冠,而是能够理解他或她为何这样做了吧。

3. 掌握分寸,分清职责

在工作中,同事之间是相互协作的关系,任何一个环节出了问题,都可能满盘皆输。因此,在工作的时候,你必须要履行自己的职责,而不能存侥幸或者推托心理,当然,更不要有"陷害"同事的心理。

总之,在当代社会,同事之间的人际关系是我们工作生活中的一个重要组成部分,职场纷繁复杂,只有擦亮眼睛,看清同事之间的复杂心理,才能在职场中游刃有余。

第 2 章
心理赞美：如何用三言两语让对方喜笑颜开

人是渴望赞美的动物。威廉·詹姆斯说："人性中最深刻的禀赋，是被人赏识的渴望。"赞美是一种有效的感情投资，是一种行之有效的动力，还是人际关系的润滑剂。因此，我们在与他人相处时，要注意满足他人的这种心埋渴望，多赞美别人。赞美虽是一件好事，但绝不是一件易事。这就要求我们掌握一些心理赞美术，采取一些令人心悦的心理策略，这往往能使赞美收到更好的效果。

贝勃定律：别轻易赞美

俗话说，好人难做。生活中，可能我们会有这样的感觉：我们经常夸奖一个人，但对方却习以为常，并不怎么领情。而那个经常反对他的人只是偶尔说了句好话，就博得了他的好感。其实，这都是贝勃定律在操控人的感觉而已。

有人做过一个实验：一个人右手举着300克的砝码，这时在其左手上放305克的砝码，他并不会觉得有多少差别，直到左手砝码的重量加至306克时才会觉得有些重。如果右手举着600克，这时左手上的重量要达到612克才能感觉到重了。也就是说，原来的砝码越重，后来就必须加更大的量才能感觉到差别，这种现象被称为"贝勃定律"。

贝勃定律在生活中到处可见，我们在赞美他人的时候也要学会运用贝勃定律。赞美他人，要多雪中送炭，少雪上加霜，更不要画蛇添足。

那么，贝勃定律该如何运用呢？

试试这样做

1. 把握最佳的赞美时机

这就要求我们要多多观察周围的人身上的优点和特点，尽可能随时随地发现别人的长处。如果你能及时发现，就要抓住时机，及时赞美，当众赞美。比如，在公司的庆祝会上，你可以当众赞美那个被人忽视的同事："你们知道吗？今天的庆祝会是小王一手策划的，真了不起啊……"

2. 力争第一次发现

你所发现的对方的特色、潜能、优势，最好是别人没有发现，甚至是他自己也没有发现的内容。你的赞扬会令他恍然大悟，瞬间增强自信，从而对你产生好感。

3. 背后赞扬

在背后赞扬人，是一种至高的技巧，因为人与人之间难得的就是背后能说好话，而不是坏话。比如，当大家都在背后说某同事的坏话时，你这样说："你们可能误会了，我觉得小刘这人很仗义呀。"如果对方知道你在别人非议他时挺身而出，为他澄清事实，他一定会非常感激你。

赞美必须要说到对方心坎里

社会心理学家认为,受人赞扬、被人尊重能使人感受到生活的动力和做人的价值。赞扬能释放一个人身上的能量,调动一个人的积极性。世界上没有一个人不喜欢被人称赞,用使人悦服的方法赞美人,是博得人们好感的好方法。赞美虽是一件好事,但绝不是一件易事。赞美别人时如不审时度势,不掌握一定的赞美技巧,即使你是真诚的,也会变好事为坏事。所以,赞美的话不是随便说的,一定要有的放矢,说到对方的心坎上才能起到作用。

一位大学生希望他所租的房子的租金能够降低一些。但是房东是个难缠的人,大学生多次尝试都以失败而告终,他最后还是想再去试一试,这次他主动向房东表示:"一旦合约到期,我就搬出去。"房东去找他,他热情地在门口欢迎,开始的时候并不谈房租的事。他说他十分喜欢这间房子,住在这里感到十分愉快,并极力称赞房东管理有方,表示很愿再住几年,但很遗憾,他实在负担不起房租。房东见他如此热情,心里十分感动，不知该怎么办。房东开始诉说自己的苦衷，抱怨房客一点也不通情达理，有的甚至说些侮辱他的话。还说道："如果房客都像你这样，我就轻松多了。"接着，房东主动提出可以减些租金。大学生一边道谢，一边说出了一个能负担的数字，房东表示同意，离开时还关心地对他说："如果房子什么地方需要修理尽管找我！"

这位大学生的成功之处就在于，他把赞美房东的话说到了点子上，取得了房东的好感，从而成功地说服了房东。

那么，怎样才能将赞美的话说到对方的心坎上呢？

试试这样做

1. 赞美对方最引以为豪的成就

赞美必须选对"点"，故事中的大学生懂得换个角度达到自己的诉求，先取悦房东，站在房东的立场上发表看法。因此，我们在赞美他人的时候，要始终不忘赞美最令对方自豪的成就。

2. 从细节处赞美

泛泛的赞扬会让人觉得赞扬者漫不经心，不会让人感觉到真正的快乐。从细节上赞美会显得你的赞美更真实，也会更有力、有效。比如，与其赞美对方的发型好看，不如说："我觉得这个新发型让你看起来更有活力。"

3. 切忌一味地称赞

对一些无关大局的小事也可以提出不同的意见，这可以让对方相信你称赞的真诚度。

从细节处赞美更见效

生活中,可能我们都会有这样的心理,当一个人夸我们"真棒""真漂亮"时,我们内心深处就会有一种心理期待,想听听下文,以求证实:"我棒在哪里?""我漂亮在哪里?"可是,如果此时对方没有给我们具体化的描述,我们必定是很失望的。

可见,在赞美别人的时候,赞美之言越是具体,越能打动人心。的确,大千世界,不是每个人都有了不起的成就。我们与人交往,应从具体的事件入手,善于发现别人最微小的长处,并不失时机地予以赞美。

张先生与夫人带着翻译同一位外商洽谈生意。

外商夸赞道:"你的夫人真是太漂亮了!"

张先生客气地说道:"哪里,哪里。"

翻译心想:"怎么翻译'哪里,哪里'呢?"最后他翻译成了"Where, Where?"。

外商一听,心想:"说你夫人漂亮就是漂亮呗,还非要问具体漂亮在哪里?"于是笑着回答:"你的夫人眼睛漂亮,身材好,气质好……"

说完,大家哈哈大笑起来,商业洽谈在愉快的氛围中开始了。

这虽然是一则笑谈,却给我们以启发:越是具体的赞美,越能触动对方,甚至产生神奇的效果。那么,我们该怎样从细处着眼赞美别人呢?

试试这样做

1. 要留心观察,细心思考

从现在起,我们要做一位有心人,善于发现赞美的着眼点,这就需要你留心观察,细心思考。

2. 让更多的人知道

人们都希望得到更多人的认同,如果你满足对方这种心理。那么,对方必将予以回报。

3. 从小处着手夸赞别人

例如,当你想称赞一位女士,仅仅是对她说:"你真是美极了。"对方可能心有戒备,因而认为你所说的是虚伪之至的违心之言。但如果你着眼于她的服饰、谈吐、举止,发现她这些方面的出众之处并真诚地赞美,她一定会高兴地接受。

可见,从小处着手夸奖别人,不仅会给别人出乎意料的惊喜,而且可以塑造你关心、体贴他人的形象。

赞美不能过分，不然有"毒"

生活中，我们每个人都愿意与真诚的人交往。赞美他人也是如此，如果你的赞美不是出于真心，对方就不会接受这种赞美，甚至怀疑你的意图。所以在赞美他人时，为避免引起类似误会，你必须要注意分寸，以免他人起戒心，伤害彼此间的关系。例如，一位你所熟悉的美貌女士，你可以对她说："你真美。"这样她可能会感激你对她的赞美；但如果你对一位其貌不扬的女士说这句话，则可能会引起她的反感。

可见，赞美他人作为一种沟通技巧，不是随口说几句好听的恭维话就奏效的，"出口乱赞"的结果只会适得其反。同时，对他人的赞扬也不能太过火，只有适度的赞扬才会使人心情舒畅，否则就会使人感到难堪、反感，或觉得你在拍马屁。具体来说，需要把握以下几点原则。

试试这样做

1. 态度要真诚

赞扬的目的是激励，是褒扬真善美。抱有某种不可告人的目的，以溢美不实之词，极尽吹捧逢迎，只会引起别人的反感。比如，当对方恰逢情绪特别低落，或者有其他不顺心的事情，过分地赞美往往让对方觉得不真实，此时一定要注重对方的感受。

2. 赞美要有据可循

凭空的、泛泛的赞美谁都会，仅仅是几句好话而已，起不到赞美的作用。赞美别人，必须确认你所赞美的人"确有其美"，并且要有充分的理由去赞美他。只有用心认真地观察对方，才能说出他的优点。表达越具体，说明你越关注对方。这样的赞美之词才说得实、听得顺，才具有鼓舞力。

3. 措辞一定要准确、得当

在赞扬别人时，不要使用模棱两可的表述，要务求准确。一些人认为，含糊其辞的赞美比沉默要好，其实不然，含糊的赞扬往往比侮辱性的言辞还要糟糕。如"嗯，有点意思""挺好"和"没那么糟"，这些只会令人反感。

4. 别一味地赞美

适度赞美，会让对方听着很舒服，也会很受用，可是，过度赞美，则会显得做作和虚伪，所以，抓住重点赞美，避免赞美之言泛滥，也是我们在赞美他人时应该注意的。

赞美要自然，锻炼赞美的功力

适当赞美，确实是促进人际关系和谐的润滑剂，那些言不由衷、不自然、肉麻的阿谀奉承则会迅速地暴露一个人的人格与企图，免不了被人轻视。

在我们周围也有很多人，他们赞美别人时，虽然满嘴好话，我们却不觉得他是"好人"，他赞美与否已没有多大意义。因此，我们要注意锻炼赞美的功力，自然的赞美才会让人受用。

有一位杂志社编辑，他对说服那些作家很有一套。不论那些人如何繁忙，他都有办法使他们答应写稿。在他面前，作家们都无法拒绝他的要求。

他常常这样说："我知道您很忙，就是因为您很忙，我才无论如何请您帮个忙。那些有时间的作家写出来的作品，总不如您的好。"据他所说，这种说法从未失败过。

为什么这位编辑从未失败，因为他的赞美真实可信，贴切自然。的确，要恰如其分地赞美他人是件很不容易的事。如果称赞不得法，反而会遭到他人的排斥。那么，我们怎样做到自然地赞美对方呢？

试试这样做

1. 间接赞美

不直接称赞对方，而是称赞与对方有关的事情。这种"间接奉承"在初次见面时比较有效。如果对方是女性，她的服装和装饰品将是间接奉承的最佳切入点。

从"间接奉承"的效果来看，与其毫无心理准备地去面对对方，不如事先收集可作为"间接奉承"的材料效果更佳。有了这种准备，或许仅仅一句话，就能使对方产生找到知己的感觉，很快向你敞开心扉。

2. 适当重复赞扬

当对方对你的赞美表现出良好反应时，就要改变一下方式，再次给予赞扬。如果只蜻蜓点水式地稍加赞美，对方可能会认为是恭维或客套话，而对一件事重复赞美，则能提高它的可信度，让对方觉得你是真心实意地赞美他。

3. 及时称赞

哪怕对方取得了一点小小的进步，也不要忘记对他表示赞美和认可。

总之，赞美必须讲求技巧，只要运用得法，必能敲开对方的心门。

他人对你的赞美，要小心对待

"良言一句胜过三春冬暖"，人们都喜欢听好话，这毋庸置疑。然而，日常生活中，当我们听到这类赞美的话时，心安理得地"照单全收"，或者声色俱厉地"划清界限"都是不可取的极端办法。实际上，因为说话者的出发点和性格不尽相同，使得恭维话具有不同的类型和特点。但无论如何，我们首先要做的就是看穿别人的赞美。

有一位先生，听说外国人都喜欢听别人的赞美，尤其是女士，最喜欢听别人说她漂亮。后来，他出国了，便想试着去赞美别人。

一次，他去逛超市，迎面走来一位很胖的妇女。他习惯性地对这位妇女说："女士，你真漂亮！"

这位女士一听，心中不悦，但是看到这位先生善意的表情，也就怒气全消了，只是笑着说了一句："谢谢！"

这位妇女之所以仍然对这位赞美不当的先生说"谢谢"，

是因为她发现这位先生是善意的动机只是不善表达。

那么，我们怎样才能看穿别人的赞美呢？

试试这样做

1. 善于观察，从细处洞察别人赞美的动机

俗话说："无事不登三宝殿。"生活中，总有那么一些人，有求于人的时候才想起他人。于是，溢美之词不断，吹捧之言不断。对于这类赞美，我们不能被溢美之词冲昏了头，在一时激动之下答应对方的请求，而应看穿对方的真实目的。

2. 多审视对方的赞美是否属实

人们都爱听好话，但是好话是否属实，就能看出对方赞美的动机是善是恶。这就要求我们在听好话的时候，保持清醒的头脑，多实事求是地想想："我真的有他说的那些优点吗？"如果答案是否定的，那么对方可能不怀好意。

总之，如果我们能正确区分恭维话的不同类型，针对其特点采取适当的应对方式，就可以从容自如，在交际中赢得主动权。

赞美能让弱者瞬间强大起来

赞美是照在人心灵上的阳光。美国心理学家威廉·詹姆斯也有句名言："人性最深刻的原则就是希望别人对自己加以赏识。"他还发现,一个没有受过激励的人只能发挥其能力的20%~30%,而当他受到激励后,其能力可以发挥80%~90%。可见,生活中,只要我们动用赞美,就可使弱者变得强大。

在非洲的巴贝姆巴族中,至今依然保持着许多优秀的生活礼仪。譬如,当族里的某个人因为行为有失检点而犯错时,族长便会让犯错误的人站在村落的中央,公开亮相,以示惩戒。但最值得称道的是:每当这种时候,整个部落的人都会不由自主地放下手中的工作,从四面八方赶来,将这个犯错误的人团团围住,用赞美来"疗愈"他的心灵,修正他的错误,引导他以此为戒,总结教训,重新做人。

从这个故事中,我们能感受到赞美力量的强大。心理学研究发现,人们的行为受着动机的支配,而动机又伴随着人们的心理需要而产生。人们的心理需要一旦得到满足，便会成为其积极向上的原动力。那么，我们该怎样发挥赞美的激励作用呢？

试试这样做

1. 肯定对方原有的成绩，指出他的不足

任何人都需要赞美，赞美可以唤起对方的进取心。但是盲目赞美并不能起到真正的作用，因为对方并没有找到自己的不足。因为，我们在赞美的时候，要客观，要在肯定成绩、指出不足的基础上加以赞美。

2. 以激励为主

赞美，即鼓励、强化，是行为科学中的一个概念。强化是一种信息，它可以传递。比如在运动员训练的过程中，教练员高喊"好"以示赞美，就是要运动员发挥水平。

3. 开发对方的优点

正如丘吉尔所说："你要别人具备怎样的优点，你就怎样去赞美他！"无论对方有多少缺点和不足，总有值得我们赞扬的地方。我们便可以以此为落脚点，加以激励，对方进取的精神很可能就因为你的鼓励而被激发出来。

可见，赞美是一剂良药，能激发被赞美者的自豪和骄傲，从中了解自己的优点和长处，认识到自身的生存价值，由一个弱者变成强者！

第 3 章
心理自助：如何运用心理策略解救自己

古人云："人必自助而后天助。"可能你正被某些心理问题困扰着甚至不能自拔，但若连你自己都不愿帮助自己，还会有谁帮助你呢？事实上，我们完全可以通过一些心理策略来解救自己，摒弃那些不良的心理，始终自我激励、相信自己、永不放弃追求、坦然面对成败，那么我们就会是心理、情绪乃至命运的主人。

松紧有度，弹簧心理调节策略

人的心理和身体一样，都是有一定的承受能力的，就如同弹簧，压力就是"外力"。当压力超过极限或持续时间过长时，这个弹簧就会永久形变，导致精神崩溃甚至引发身体疾病。英国科学家贝弗里奇说得好："疲劳过度的人是在追逐死亡。"所以每个人都要小心地保持它的弹性，不要超过它的弹性限度，而适当的休息和减压是保持"弹力"的良方。有张有弛，才能保持弹性，增加承受力，保持旺盛的生命力。想要做到张弛有度，可以采取以下几点心理调节策略。

试试这样做

1. 自我调节法

自我调节法是心理疗法的一种有效手段。当你疲劳时，要学会休息，休息并不是简单的睡觉，它应该是一种对精神和肌体的有效调节。例如，疲劳时，到户外尽情地活动一番，和亲人、朋友聊聊天等。平时的生活要有规律，合理安排时间，有张有弛，劳逸结合，不可凭自己的兴趣和热情甚至一时冲动来对待生活。当遇到困难与挫折时，要保持宽容、大度的心态，使自己尽快从困境中走出，这样就能达到心情舒畅，消除疲劳。

2. 身心放松法

采用一种特定的身心放松方法，可降低紧张和焦虑意识，提高人的脑力劳动效率，增强抗疲劳能力。其具体步骤如下：

（1）选择一个空气清新，四周幽静的环境。

（2）暂时有意识地放下或忘记自己心中记挂的事务。

（3）选择较舒适的姿势，站、坐、躺均可。

（4）活动身上的一些大的关节与肌肉，动作不需要固定格式，但做的速度要均匀、缓慢，直至关节放开，肌肉放松。

（5）保持呼吸自然、流畅，尽可能不用意识支配呼吸，并达到在安逸悠然自得中忘掉呼吸的境界。

（6）意识放松。集中注意力，想象一些美好的事情，以达到忘我的境界，这是调节身心平衡，战胜疲劳的关键。

总之，当我们感觉心理疲劳时，一定要积极进行心理调节，使自己处于积极良好的状态！

自我审视，合理评估自我能力

现代社会中，我们应全方位地审视自己。审视，是一种积极的自我超越，正如每日照镜子一样，没有审视地活着，实际上是对自我存在极不负责的一种纵容。当然，全方位审视自己，不仅包括发现自己的不足，还包括明确自己的优势。

试试这样做

1.明确自身优势

我们首先要明确自己的能力大小，给自己打分，通过对自己的分析，深入了解自身。根据过去的经验，推断未来可能的工作方向与机会，从而彻底解决"我能干什么"的问题。你的优势，即你所拥有的能力与潜力所在：

（1）我因为什么而自豪？通过对最自豪的事情进行分析，我们可以发现自身的优势，找到令我们成功的品质，譬如坚强、果断、智慧超群，从而挖掘出我们继续努力的动力之源。

（2）我学习了什么？我们要反复问自己：我有多少专业和社会实践知识？只有这样，才能明确自己的知识储备。

（3）我曾经做过什么？经历是个人最宝贵的财富，侧面反映出一个人的素质、潜力状况。

2. 发现自己的不足

（1）性格弱点。人无法避免与生俱来的弱点，必须正视自身弱点，并尽量减少其对自己的影响。比如，如果你独立性太强，可能在与人合作的时候就会缺乏默契，对此，你要尽量克服。

（2）经验与经历中所欠缺的方面"金无足赤，人无完人。"每个人在经历和经验方面都有不足，但只要善于发现、努力克服不足，就会有所提高。

总之，我们只有给自己的心灵照照镜子，才能看清真正的自己，并查缺补漏，不断地超越自己。

适时给自己一剂稳定心理的强心药

人们都愿意处于欢乐和幸福之中，然而，生活是错综复杂、千变万化的，并且经常发生一些我们预料不到的事，这就可能导致我们的心态不平稳。但只要我们适时给自己一剂心理"稳定剂"，就能始终保持一份好心情。美国心理学家霍特举过一个例子：

有一天，弗雷德感到意气消沉。通常他应付情绪低落的办法是避不见人，直到这种心情消散为止。但这天他和上司有重要会议，所以，他决定装出一副快乐的样子。他在会议上笑容可掬，谈笑风生，装成心情愉快而又和蔼可亲的样子。令他惊奇的是，不久，他发现自己果真不再抑郁不振了。

弗雷德并不知道，他无意中采用了心理学研究中的一项重要发现：装作有某种心情，往往能帮助人们真的获得这种感受——在困境中有自信心，在不如意时较为快乐。

从这个故事中，我们发现，人的心理是可以调节的。心理学家艾克曼的实验表明，一个人老是想象自己进入某种情境，感受某种情绪，结果这种情绪十之八九真会到来。我们常常逗眼泪汪汪的孩子说："笑一笑呀。"结果孩子勉强地笑了笑之后，就真的开心起来了。

其实，日常生活中保持良好心情的"砝码"就在你的手中。

试试这样做

1. 转移情绪

当你遇到一些会使你心情不稳定的事情时，你应迅速把注意力转移到别的方面。这样很快就会把原来的不良情绪冲淡以致赶走，重新恢复心情的平静和稳定。

2. 宽以待人

人与人之间，总免不了有这样或那样的矛盾，朋友之间也难免有争吵、纠葛。只要不是大的原则问题，应该与人为善，宽大为怀。绝不能有理不让人，无理争三分，更不要为一些鸡毛蒜皮的小事争得脸红脖子粗，伤了朋友间的和气。

3. 忆乐忘忧

生活中，有乐事也有忧事，对此应进行精心地筛选，不能让那些悲哀、凄凉、恐惧、忧虑、彷徨的心境困扰着我们，要经常忆乐忘忧，切不可让阴影笼罩心头，从而失去前进的动力。

　　能做到以上三点，我们就能保持稳定、健康、快乐的心情了。

少一点比较心理，多一点开怀

"魔镜啊魔镜，谁是这世上最美丽的女子？"白雪公主的故事里，恶毒的王后总是一遍又一遍地重复着这个问题。"既生瑜何生亮？"喜欢攀比的人多半要发出这样的感慨，于是他们总是不能开怀。其实，十根手指各有长短，人与人更是各不相同，盲目攀比是我们不快乐的根源，也完全没有必要攀比。

"最近不知道怎么了，看到别人得意我总忍不住拿自己和他们比较。比如一天的复习结束后，大家会在临睡前交流一下复习情况，如果我听到有人说今天又做了多少套题，记了多少知识点，而自己却还在原地徘徊不前时，便会莫名地恐慌，甚至有点儿恨对方，心中暗暗诅咒对方考不好。虽然也知道这样的想法很不对，但我就是控制不住自己。难道我真的是一个很坏的人，忍受不了别人比自己强吗？"

这类心理恐怕很多人都有过。心理学家指出，如果我们不加以控制盲目比较的心理的话，轻则会影响我们的心理健康，严重的甚至会让我们产生心理疾病。只有做到少一些比较，才能多一些开怀。那么，我们该怎样调节心理呢？

试试这样做

1. 通过自我暗示，增强自己的心理承受能力

自我暗示又称自我肯定，是一种强有力的心理调节技巧，可以在短时间内改变一个人的生活态度和心理预期，增强个体的心理承受能力。具体表现为带有鼓励性质的语言、符号以及动作。比如，当看到别人比自己好时，在心中默念"其实我也很好"之类的语句，久而久之，盲目比较的习惯就会有所改善。

2. 尽可能地纵向比较，减少盲目地横向比较

纵向比较是指个体和自己的昨天比较，发现一段时期内的发展变化，以进步的心态鼓励自己，从而建立希望体系，帮助个体树立坚定的自信心。

3. 完善自己

一个人如果明白，只有完善自己才能逐步提高的道理，也就能转移视线，不仅找到了努力的方向和动力，心情也会豁然开朗。

总之，知足常乐，少一些比较，多一些快乐，才是最佳心理状态！

瓦伦达心态：专心做事，患得患失要不得

心理学上有一种"瓦伦达心态"。瓦伦达是美国一个著名的高空走钢丝表演者，在一次重大的表演中，不幸失足身亡。事后，他的妻子说："我有预感这次一定会出事，因为他上场前总是不停地说，这次太重要了，不能失败，绝不能失败；而以前每次成功的表演，他只想着走钢丝这件事本身，而不去管这件事可能带来的后果。"

心理学家也说，瓦伦达太想成功了，太专注于结果了，太患得患失了。后来，人们把这种心态叫作"瓦伦达心态"。

美国斯坦福大学的一项研究表明，人脑里的某一图像会像实际情况那样刺激人的神经系统。例如，当一个高尔夫球手击球前一再告诉自己"不要把球打进水里"时，他的大脑里往往就会出现"球掉进水里"的情景，结果往往事与愿违，球大多情况下都会掉进水里。

我们几乎都有过这样的经历，越是专注于某件事情的结果，越是很难做好。而许多感觉实在难以完成的任务，心里不去想了，以尽力而为的心态去对待，往往又轻而易举地做

好了。

那么，我们该怎样克服患得患失的心态呢？

试试这样做

1. 摘掉假面具

与人交往的时候，坦白自己的态度可以使双方觉得轻松自在，如果掩饰自己的感受，只会使气氛更紧张，并且让自己看起来很虚伪。坦白是把双方距离拉近的有效方法。

2. 化焦虑为力量

我们越是想成功，就越是焦虑。此时，克服的方法是让紧张情绪反过来帮你的忙。心理学家称为"积极性重构"，意即以不同观点来看问题——从好处看，而不是从坏处看。当你对自己有信心，又具有表达自己感受的勇气时，你就能减轻自己的焦虑，使之化为力量，从而坚强起来。

3. 专注事情本身，淡化焦虑

如果太注重结果的成功或失败，往往就会失败。只要你注重事物本身的特点及规律，专心致志地做好它，就会收到意想不到的效果。

多自省，方能看清自己

《劝学》中提到："君子博学而日参省乎己，则知明而行无过矣。"这句话的含义是：君子广泛地学习，而且每天检查反省自己，那么他就会聪明机智，他的行为就不会有过错了。可见，自古以来，人们都将"自省"列为日常生活中的必修功课。

处于现代社会中的我们，要想做到及时纠正过错，提升自我，也就必须要多一点自省的心理。

有一次，一位下属因经验欠缺而使一笔贷款难以收回，松下幸之助勃然大怒，在大会上狠狠地批评了这位下属。事后仔细一想，松下为自己的过激行为深感不安。因为在那笔贷款发放单上自己也签了字。既然自己也应负一定的责任，那么就不应该这么严厉地批评下属了。

想通之后，他马上打电话给那位下属，诚恳地向对方道歉。恰巧那天下属乔迁新居，松下幸之助得知后便立即登门祝贺，还亲自为下属搬家具，忙得满头大汗。事情并未就此结束。一年后的这一天，这位下属收到了松下的一张明信片，上面留下了一行亲笔字："让我们忘掉这可恶的一天吧，重新迎接新一天的到来！"看到松下的亲笔信，这位下属感动得热泪盈眶。

知耻者近乎勇。松下幸之助能及时自省并向下属道歉，我们又何尝不能呢？那我们怎样才能做到自省呢？

1. 见贤思齐，见不贤内自省

以人为镜，可以正衣冠，这也是自省的一种绝妙方法。为此，在生活中，我们见到有人在某一方面有超过自己的长处和优点时，就虚心请教，认真学习，想办法赶上他，和他达到同一水平；见有人存在某种缺点或不足，就要冷静反省，看自己是不是也有他那样的缺点或不足。

2. 自我反省

这就要求我们在取得成就时，不可妄自尊大，也不可自负。人最难能可贵的，就是胜不骄败不馁，懂得自我反省，才能不断进步。

日本学者池田大作说："任何一种高尚的品格被顿悟时，都照亮了以前的黑暗。"只要我们具备了多一点自省的心理，便具有了高尚的品格！

詹森效应：在关键时刻要懂得心理保护

曾经有一名叫詹森的运动员，平时训练有素，实力雄厚，但在体育赛场上却连连失利，让自己和他人失望。据分析，他失利的原因主要是压力过大，过度紧张所致。后来，人们把这种平时表现良好，但由于缺乏良好的心理素质而导致正式比赛失败的现象称为詹森效应。可见，我们要想在关键时刻不掉链子，就得适当减压，克服焦虑，才能发挥出正常的水平。

有一个学生，他平时做题只能达到470分的水平，而在最近的一次模拟考中，他考了620分。考完之后他说，自己都很诧异：我怎么可能拿到这样一个分数？他的老师告诉他："其实很简单，你有没有分析过，之前你在考场上失掉的分，并不是因为某道题你不会。而是你没能在考场上做对。就是说这些题你平时会做，但是不得分。"

这是什么原因呢？其实，这也是詹森效应的作用。可能很多人觉得这就是一个简单的心态问题。我只要逼着自己把心态调整好就没问题了。其实没这么简单。谁都知道调整好心态很重要，但要真正做到这一点是非常困难的。

那么，要避免詹森效应，我们怎样才能做到关键时刻的心理保护呢？

试试这样做

1. 重大场合保持一颗平常心

不要给自己太多压力，并在日常生活中注意培养自己这种处变不惊的能力。

2. 淡化结果，注重过程

无论是比赛还是考试，我们都要将精力集中于过程，不要过多考虑结果。这样才能保持心情的平静与放松。

3. 多用肯定的词语来唤起积极情绪

特别是遇到困难时，要用"冷静""沉住气"等词语暗示自己，进行深呼吸，少用否定性词语警诫自己，如"别紧张"等。

做到这些，我们就能有效消除关键时刻的紧张情绪，发挥出理想的水平！

以发展的眼光看问题

一位伟大的哲学家曾经讲过,"一个人不可能同时踏进同一条河流",世界万物无时无刻不在变化之中。所以,我们要用发展的眼光去看问题。我们要在心里告诉自己,不能以孤立的、静止的、片面的眼光看问题,而要以辩证的、历史的、全面的、联系的观点看问题。

从前,有两个饥饿的人,得到了一位长者的恩赐:一根鱼竿和一篓鲜活硕大的鱼。其中,一个人要了一篓鱼,另一个人要了一根鱼竿,他们便各自回去了。得到鱼的人虽然饱食一顿美餐,但很快就饿死了。另一个人则提着鱼竿继续忍饥挨饿,一步步艰难地向海边走去,当他已经看到不远处那片蔚蓝的海洋时,他浑身的最后一点力气也使完了,只能眼巴巴地带着无尽的遗憾撒手人间。

又有两个饥饿的人,他们同样得到了长者恩赐的一根鱼竿和一篓鱼。只是他们并没有各奔东西,而是商定共同去找寻大海,他俩每次只煮一条鱼,经过遥远的跋涉,来到了海边。从此,两人开始了捕鱼为生的日子，几年后，他们盖起了房子，有了各自的家庭、子女，有了自己的渔船，过上了幸福安康的生活。

一个人只顾眼前的利益，得到的终将是短暂的欢愉。一个人要目标高远，但也要面对现实的生活，只有把理想和现实有机会结合起来，才有可能成为一个成功之人。

那么，我们该怎样做到用发展的眼光看问题呢？

试试这样做

1. 放下过去

不把过去的辉煌当作现在的优势，因为现有的优势不等于将来的成绩，也不要以过去的事情论是非。

2. 分析现在

我们不要根据现在的状况妄下结论，要加以分析，然后根据实际情况的变化，不断调整衡量事物的尺度和标准。

3. 展望未来

所谓发展的眼光，就是要着眼于事情的长期发展和远期效果，即一个人看问题的远见。这是一个人知识、阅历、经验、教训长期积累的结果。

可见，要用发展的眼光看问题，与时俱进，这样才能更清楚地看到事物的本质和发展方向！

看淡成败得失，得到悠然心境

激励演讲家安东尼·罗宾说过："这个世界没有失败，只有暂时停止成功，因为过去并不等于未来。"在安东尼·罗宾看来，一时的失败和一时的成功都不算什么，真正成功的人是那些能够面对人生挑战，不断在逆境中求生的人。同时，骄兵必败，当你取得成功的时候，切不可骄傲。只有看淡成败得失，才能得到悠然心境。

有一个步行的人，因为路不平而摔了一跤，他爬了起来，可是没走几步，一不小心又摔了一跤，于是他便趴在地上不再起来了。有人问他："你怎么不爬起来继续走呢？"那人说："既然爬起来还会跌倒，我干吗还要起来，不如就这样趴着，就不会再摔了。"

这样的人，我们一定认为他的行为很可笑，因为他被摔怕了，所以不敢再起来继续往前走，因而他也就永远无法到达目的地。

除此之外，我们在成功时也不能骄傲自负。找到自身的不足，才能不断提高。

那么，我们怎样才能做到看淡成败得失呢？

试试这样做

1. 保持平常心

以一颗平常心去看待胜败，这就要求我们，无论胜败，都要把它当作生活中的普通事件。某一次的失败并不代表什么，就像走路的时候不小心被石头绊了一下。而成功也只是相对而言的，山外有山，人外有人，比我们成功的人多的是。

2. 准确定位自己，放远视线

我们要给自己正确定位，别把自己的眼光拘囿于一块狭小的天地，不妨视线放长远一些，把目光放高一些。此时的失败与成功只是我们人生路上的一段小小的经历而已。

3. 心理调节，做好转化

如果失败了就放弃，那我们永远也不会得到成功的眷顾。我们应该客观看待"成功"和"失败"。"成功"和"失败"是可以互相转化的，只有经历过"失败"，才能体会"成功"是何等的珍贵；也只有在"成功"后才会知道"失败"的意义。

生命是一个体验的过程，体验酸甜苦辣，看淡成败得失，眺望远方，活在今天，坦然地走下去，才能在平淡之中看见惊喜和美好！

第4章
心理博弈：如何运用博弈抢占先机

人际关系的交往其实是一场心理的博弈，博弈双方在进退取舍之间游走。如果拿捏得好，那么你的人际关系会非常轻松；如果拿捏得不准，那么可能会面临形单影只的情况。因此，如何用心理博弈术来赢得好人缘是一门值得探讨的学问。在买卖中、职场中说话的时候都要应用心理博弈，那么我们就来学习一些简单的博弈术吧。

谨慎相处，博弈出好人缘

人与人相处的最佳模式便是相互尊重，相互理解。简单来说，就是谁也别占便宜，谁也别吃亏。不管是谁占便宜，谁吃亏，只要一方感觉不舒心，那么彼此之间的关系便不会长久。由此可见，要敢于和对方进行内心博弈，才能营建起良好的人际关系。

小菲是个不善言辞的人，却有着内心似火的性格。对待身边的每个人都非常好。最近他认识了一个名叫王刚的人，王刚总觉得小菲没有脾气，好欺负，所以总是气势凌厉，打压小菲。小菲一再忍让，谁知对方变本加厉。一次，王刚对小菲说："小菲，给我买瓶水去。"小菲没理他，只顾做自己的事情。过了一会儿，王刚走过来，笑着说："你闲着呢，帮我买瓶水吧！"小菲抬起头盯着王刚的眼睛看了五秒，王刚不好意思地说："你忙，你忙。"从那之后，王刚再也没有欺负过小菲，反而和他成了无话不谈的朋友。

一味地忍让只能让别人看不起你，敢于和对方进行较量，才会赢得对方的尊重。故事中的小菲和王刚在心理上进行了较量，最终赢得了王刚的尊重，两人成了非常好的朋友。所以，敢于和对方进行博弈和较量，才能赢得良好的人际关系。那么，和别人进行心理博弈的时候要注意哪些因素呢？

试试这样做

1. 忍让要适度

有些人有欺软怕硬的心理，所以，在与人交往的时候，要适度忍耐，但是忍耐不能没有限度，一味地忍让只能让别人觉得你很软弱。

2. 别怕撕破脸

当别人把你的宽容当软弱的时候，一定要据理力争，别怕撕破脸。否则对方会变本加厉地来欺负你。

3. 适当给对方压力

要适当地给对方压力，让他尊重你的人格，让对方明白，人际交往尊重是前提。

登门槛效应：一点点攻破他人的心理防线

很多时候，当你对别人提出你的要求时，对方会很敏感，甚至一口拒绝。这时候，不妨学会利用登门槛效应：提出一些对方能接受的小要求，对方觉得要求不过分，就会满足你。在对方满足小要求的心理定势下，向他提出更高一级的要求，从而一步一步地侵蚀他人的心理防线。

军扬喜欢上了同班的女生媚慧。可是当他向媚慧表白的时候，却遭到了媚慧的拒绝。这天，军扬找到了故意躲着自己的媚慧，对她说："即使我们做不了恋人，还是可以做好朋友啊。"媚慧觉得军扬说得在理，于是答应跟他做朋友。在后来的接触中，军扬和媚慧成了无话不谈的知心朋友。他对媚慧的照顾无微不至，终于打动了媚慧的心。军扬如愿以偿地和媚慧走到了一起。

故事中的军扬被拒绝之后，利用的就是登门槛效应，先向对方提出做"朋友"的要求，再做知心朋友，最终走到了一起。由此可见，当你对别人提要求的时候，要用登门槛效应，一点点侵蚀他人的心理防线，最终达到自己的要求。那么，如何利用登门槛效应来侵蚀他人的心理防线呢？

试试这样做

1. 提出对方能接受的小要求

当你想要征服对方的心时，此时对方的心理防线又极其坚固。这时候，不妨向对方提个能接受的小要求。如果你的小要求并不过分，一般情况下，对方都会答应你。

2. 学会"得寸进尺"，拓展要求

对方满足了你的小要求，实际上已经营造了顺从你的心理定势。这时候你要学会"得寸进尺"，拓展你的要求。由于第一次的答应，如果第二次拒绝就相当于否定自我，因此，对方答应的概率远远高于拒绝你的概率。

3. 抓住时机，提出更高要求

当你的要求一步步得到满足时，要抓住时机提出更高的要求。由于之前的答应，这时候对方答应的可能性就更大了。

爱情中的博弈策略

爱情需要双方共同来经营，在这个付出和索取的过程中，也需要用些博弈策略。一味地付出，或者是一味地索取都无益于爱情的正常发展。同样，双方势力此消彼长，一方的强盛则会让另一方软弱。

恩惠和王伦是一对恋人。两人感情非常好，最近要谈婚论嫁了。王伦非常喜欢恩惠，所以刚开始谈恋爱时他总是喜欢让着她。吵架的时候无论谁的错，都是王伦率先认错。平日里王伦总是小心翼翼的，怕惹恩惠生气。但是两人的情感还是出现了危机。后来，在朋友的建议下，王伦一改之前的做法。有时候要是恩惠做错了事情，王伦也会直接指出来，自己付出一点之后，也要让对方有所付出。这样，两人的感情奇迹般地好了起来。

故事中的王伦之前只懂得付出，这让恩惠不知道珍惜。之后王伦适当地调整，让恩惠感受到了王伦的想法，两人的感情逐渐地好了起来。由此可见，在感情上，也需要两个人之间的互相博弈。那么，在感情中博弈要注意哪些方面的影响因素呢？

试试这样做

1. 要适度地表达你的不满

两个人相处时，如果一味地忍让，则会让对方越发放肆，对方的气场越来越强，你的气场越来越弱。双方的关系就会变质。

2. 不能无条件地付出

绝对不能无条件地付出，当你付出了之后，一定要让对方有所回报。否则这样的恋爱谈下去也没有意义。同时，你的适度收敛也会让对方感觉到压力。

3. 博弈中要张弛有度

两个人在爱情博弈中，一定要张弛有度，该强硬的时候一定要强硬，该妥协的时候也要学会妥协。

买卖其实是一场心理博弈

平日里，我们都会买东西，商家要价，我们会还价。商家想尽可能高价将东西卖给你，而我们则想着尽可能低价将东西买回来。实际上这种现象就是买卖当中的心理博弈。在这场心理博弈中，双方攻防进退，稍不留神，就会损失惨重。

文华是服装公司的销售经理，这次他代表服装厂和布料供应商进行了一次谈判。在谈判中，对方坚持要在之前合作的基础上增加10%的利润。而作为服装公司，如果让利10%，就意味着有赔本的风险。因此，文华坚决给予了否定。对方的谈判代表建议将10%降到8%。文华依旧默不作声。对方降到6%，并说明这是他们的底线。这时候文华说最高增加4个百分点，并且表示，如果不同意，双方的合作到此为止。最终他们达成了协议。

故事中的双方在心理博弈中，既要追逐利润的最大化，又要避免对方撂挑子，每一步都走得小心谨慎。由此可见，在买卖中，是否拿捏准了对方的心思，直接关系着博弈的最终效果。那么，如何在生意场上的心理博弈中占据优势呢？

试试这样做

1. 要提前到达

不管在哪里谈判，要提前到达，这样就有先入为主的感觉，对方晚来，就是客人。这样谈判起来，气势上就会占据很大的优势。你可以大胆地提要求，对方因为客人心理则会小心谨慎，看你的脸色。

2. 适度选择沉默

如果不同意对方的意见，可以选择适度保持沉默，让对方寻找解决的途径。这时候谁先说话，谁就会在心理较量中输了一筹。因为你先说话，说明你想妥协，既然是想妥协，那么在接下来的博弈中便任人宰割。

3. 提出建设性意见

当双方的谈判陷入僵局的时候，不妨提出建设性的意见，当然谁提意见，谁就掌握主动权。你的建议自然是最大化地保护你的利益。当你提出了切实可行的建议，而对方此时还是一脸茫然，那么除了顺从你，他别无选择。

管理者与下属之间如何博弈

作为管理者,如果对下属要求过严,则会引起手下的不满,如果太过宽松,又会让他们消极怠工,不利于工作的开展。因此,管理者和下属之间也存在一种相互的心理博弈。事实上,管理者能否处理好和员工之间的这种博弈关系,直接关系着一个团队能否顺利发展。

王总对于下属的管理有他的一套办法。他从来不批评下属,却能让下属将工作做得很好。这天,小王因为工作的失误给公司带来了很大的损失,小王提心吊胆,害怕被王总批评。可是王总并没有说什么,而是和小王一起解决问题,尽量挽回损失。

王总可以说是将博弈之法应用得淋漓尽致,既能要求下属提高工作效率,又不会让下属产生抵触情绪。由此可见,管理者对待下属要懂得用博弈之道。既要懂得督促他们,又要学会犒劳他们,恩威并施。那么,管理者在与员工进行心理博弈的过程中需要注意哪几个方面？

试试这样做

1. 做错事不要随便批评

下属犯了错误，不要随便批评，这时候作为领导你要做的只是告诉他如何把事情做对，或者帮助他解决问题。这样对方内心不会抵触，而是感恩。

2. 要记得犒劳员工

员工付出了辛苦的劳动，作为管理者要记得犒劳他们，这样下属如果再不努力工作，就会受良心的谴责。

3. 给下属留面子

说话点到为止即可，要记得给下属留面子。不要随便批评影响他们的情绪。当他们带着情绪工作的时候，工作的效率通常会很低。

4. 站在下属的立场上

多为下属考虑，为下属实实在在地谋利益，这样的管理者才会赢得下属的支持。

气势强大，先威慑他人内心

通常情况下，一个人的气势会影响我们对他的判断。同样，当你和对方进行谈判的时候，一定要先摆好阵势，用你的强大气势震慑对方的内心，让对方从内心深处对你有所畏惧。事实上，此时你已经占了优势。

在一次业务谈判中，销售员小吴吃了大亏。因为当他走进对方的会议室时，对方公司的总经理、销售总监以及法律顾问严阵以待。面对此景，小吴开始胆怯了。因为之前他接触的都是基层员工，而这一次直接跟上层领导面对面地谈，而且对方还有法律顾问坐镇。在谈判中，小吴内心恐慌导致气场太弱，在谈判中一再地退让。结果，对方争取了最大限度的利益，而小吴却损失惨重。

故事中的小吴在面见客户时，因为对方的气势太强，所以在谈判中吃了大亏。由此可见，在谈判前，先要摆好阵势，让对方产生心理畏惧，在接下来的博弈中，对方有可能会不战自败。那么，摆好阵势、震慑他人内心时要注意哪些方面的因素呢？

👉 试试这样做

1. 表情严肃一些

摆好阵势，威胁对方的内心时，表情一定要严肃，让对方感觉到你的强烈气场，从而心里发怵。

2. 表现得精干些

说话的时候尽量干脆利索，而且语气要沉重，这样你说出来的话就如同命令一样，让对方产生顺从的意愿。

3. 适当保持沉默

适当地保持沉默，营造严肃的谈话氛围。这时候，谁先说话谁的气势会变弱。相反，保持沉默则会显得你胸有成竹。

第 5 章
心理说服术：改变对方抉择的心理策略

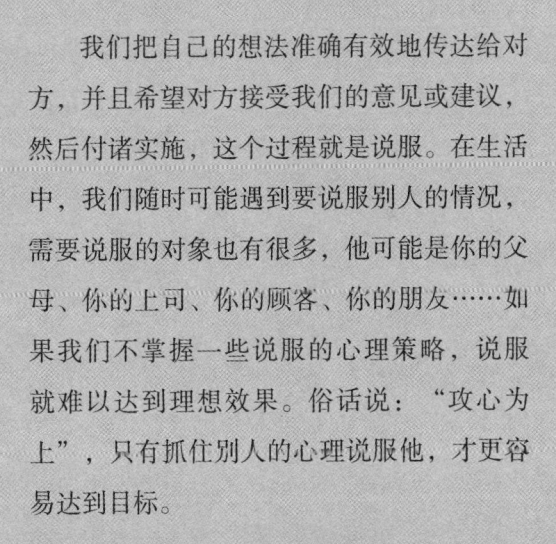

我们把自己的想法准确有效地传达给对方，并且希望对方接受我们的意见或建议，然后付诸实施，这个过程就是说服。在生活中，我们随时可能遇到要说服别人的情况，需要说服的对象也有很多，他可能是你的父母、你的上司、你的顾客、你的朋友……如果我们不掌握一些说服的心理策略，说服就难以达到理想效果。俗话说："攻心为上"，只有抓住别人的心理说服他，才更容易达到目标。

换个角度，从对方能接受的方面入手

现代社会生活中，人与人之间的交往空前频繁。无论是演讲还是谈判，都是想通过"说"来征服对手。而要想成功说服对方，首先，辨析对方的心性，了解其内心世界。其次，针对对方心理"对症下药"，找到说服对方的有效途径、方法。如果从正面不能说服的话，不妨转换一下思维，从对方能接受的角度入手。最后，根据对方的需要，提出你的新主张，从而让对方放弃自己的旧主张，达到说服对方的目的。

某地准备建立心脏病研究基金会。在听证会上，众人对它的可行性进行调查。其中一位医生的发言与专家们的严密论证不同，他对参加听证会的代表们说："你们正处在人生、事业的黄金时期，却是最易患心脏病的人。"由于这个医生的发言让代表们联系到个人的切身利益，所以取得了较好的效果，他们欣然采纳了意见。

可见，说服别人，如能从被说服对象的心理角度入手，往往能取得事半功倍的效果。而如果对倾听者不加分析，说服过程就会遇到重重阻力。那么。我们该怎样辨析对方的心理从而开展说服工作呢？

试试这样做

1. 掌握火候，不要在刚开始就讨论双方的分歧点

我们不能一开始就站在对方的对立面，以防产生逆反心理；而应站在同一立场上，先肯定他正确的一面，或讲他愿意听的话，寻求共同点，强调彼此共同的观点。

2. 切莫让对方先入为主

如果对方在刚开始倾听的时候就采取了警戒的态度，那说服的难度就会加大。所以我们应当一面巧妙地疏导对方的戒心令他人松懈，一面小心地辅以适当的劝服，这样对方就比较容易接受。

3. 注意自己说话的态度，说服忌批评

单刀直入地指责对方、批评对方，这简直是火上浇油的做法，会使对方迁怒于你。所以劝服别人一定要注意自己说话的态度，真诚恳切而又平心静气地向对方陈述，让对方信任你，才有可能说服对方。

总之，我们要对对方进行一番了解，当正面说服容易使

对方产生对立情绪时，不妨采用迂回方法：或退一步，或从侧面，或步步为营。总之，要从对方可以接受的角度入手，从而让对方在不知不觉中接受你的意见。

给对方戴个高帽子，使其不敢下来

生活中，每个人都喜欢听好话，也就是人们所说的赞美，它会激发听者的自豪和骄傲。从我们自身来说，赞美完全可以成为说服他人的一种手段。我们赞美对方的时候，先把对方捧高，让其不敢下来。比如，我们可以给对方一个超过事实的美名，让其自我感觉良好。这样在跟他说话的时候他就会在心里认为自己是很值得尊敬的人，他就不会跟你计较什么了，这个时候说服他当然是件很容易的事了。

在柯立芝任美国总统的时候，他的朋友应邀到白宫做客。当他走到总统私人办公室门前的时候，听到总统对他的女秘书说："你今天穿的衣服真好看，你看起来既年轻又漂亮。"对一向不爱说话的柯立芝总统来说，这恐怕是他一生中赏赐给秘书的最动人的称赞了。这个称赞，使女秘书感到非常意外，她的脸因此红了起来，立时有点不知所措。柯立芝于是又说："不要难为情，我这样说只是为了让你高兴一些。从现在开始，我想你必须注意一下自身的缺点。"

柯立芝对人的心理把握得很好。相反，如果他直接说出女秘书的缺点，并且让她改正，恐怕就没那么容易让他的秘书愉快地接受了。的确，当我们听到他人对自己的优点加以称赞后，再去听一些不愉快的话自然不会那么排斥。

那么，我们在用此方法说服他人的时候，该怎样做呢？

试试这样做

1. 了解对方，给对方戴一顶最适合的"高帽子"

每个人都有其最引以为豪的地方，我们抬高别人之前，就要先找出对方最值得赞扬的地方，然后加以赞赏，此时必然会令他对你心生好感，要说服他，或者请他帮忙也就不再是难事了。

2. 不着痕迹地夸大别人的优点

抬高别人，难免要说一些奉承话、恭维的话，把对方的优点加以放大。这样有明显的讨好之意。因此，我们在抬高别人的时候，一定要说得巧妙，最高明的做法是自然而然，不露痕迹。

总之，在说服别人接受你的观点的时候，先赞美一下对方，再表达自己的观点，就很容易被对方接受。

利用对方的逆反心理,激发其挑战欲

生活中当我们说服别人时,正面说服的结果似乎总是事与愿违。我们可能忽视了一点,那就是人们都有不服输的逆反心理,越是被否定,越是要证明自己;越是受压迫,越是要反抗等。因此,我们不妨反其道而行之,正话反说,这便能激起对方的挑战欲,从而达成劝服目的。

勾践出兵伐吴,半路上遇见一只眼睛瞪得大大的、肚子鼓得圆圆的好像在发怒的大青蛙,勾践于是手扶车木,向青蛙表示敬意,手下人不解,问其缘故,勾践说:"青蛙瞪眼鼓肚,怒气冲天,就像一位渴望战斗的勇士,因此我敬重它。"全军将士都觉得受大王恩惠多年,难道不如一只青蛙?于是相互劝勉,抱着坚定的信念,驰骋疆场,为国立下了战功。

勾践的一番话,让战士们产生一种"难道还不如一只青蛙"的心理,于是,这番话激起了他们心中的战斗激情,从而立下战功。

那如何运用这一心理策略呢?

试试这样做

1. 了解对方的弱点

逆反心理能否起到应有的作用,就要我们了解对方的弱点。"请将不如激将",也要了解"将"的"致命伤"。比如那些爱表现的人,我们不妨从反面说:"我知道您也是能力有限……"这样一激,对方肯定答应你的请求。

2. 因人而用

我们在运用这一心理策略的时候,要先了解对方,具体应用时要因人而异。要对对方的心理承受能力有所了解,如果激而无效,那么也是白费力气。

3. 掌握火候,语言不能"过"。

如果说话平淡,就不能产生激励效果,如果言语过于尖刻,就会令对方心生反感。语言不能过急,也不能过缓。过急,欲速则不达;过缓,对方无动于衷,无法引起对方的注意,也就达不到目的。

总之,与人交往的过程中,如果我们能巧妙运用人的逆反心理,那么在办事的过程中将会如虎添翼。

利用对方的从众心理，使其认同

生活中，可能我们都有一个心理：无论做什么事情，有很多人支持你，你会有种安全感，进而大胆地去做；无论你说的观点正确与否，只要多数人同意你的观点，你便有胆量大声地说出来……这种心理活动不仅你有，周围的人也都曾有过。周围的人都在做某件事的时候，我们也会受到影响想要跟从，这就是从众心理。从众心理指个人受到外界人群行为的影响，而在自己的知觉、判断、认识上表现出符合公众舆论或多数人的行为方式。处于群体中的个体与单独时的个体的行为模式是不同的。

一个老者带孙子去集市卖驴。开始时是孙子骑驴，爷爷在地上走，有人指责孙子不孝；爷孙二人立刻调换了位置，结果又有人指责老头虐待孩子；于是二人都骑上了驴，一位老太太看到后又为驴鸣不平，说他们不顾驴的死活；最后爷孙二人都下了驴，徒步跟驴走，不久又听到有人讥笑：看！一定是两个傻瓜，不然为什么放着现成的驴不骑呢？爷爷听罢，叹口气说:"还有一种选择就是咱俩抬着驴走了。"

这虽是一则笑话,但却真实地描述了人们的从众心理。处于群体中时,个体的决策往往会受到群体压力的影响,影响的结果可能使其决策从众或者逆反,但绝大多数是前者。因此,在说服中可引入他人的例子作为说服的依据。

那么,我们在劝服别人的时候,该怎样运用人们的从众心理呢?

试试这样做

1. 列举权威实例,从而影响对方的决策

比如,在谈判桌上,你说服对方购买,可以这样说:"某某(某影响力集团)也是这样做的,你这样做是没问题的。"

2. 列举大众实例,给对方造成压力

同样,当你劝服顾客购买的时候,可以拿销售额作证明,这样,客户就有一种心理:"既然大家都在买,质量和效果肯定不错,我也可以购买。"

可见,在说服别人的时候,利用人们的从众心理,会更有效!

给对方一点小诱惑，能起到好的效果

生活中，可能我们都有过这样的经历：我们想要购买一件商品却嫌贵，无论商家怎么劝说，我们始终不愿购买时，如果商家以"小礼品"来作为成交条件的话，我们多半会答应购买。其实，商家采用的就是"利诱"的策略。我们在说服他人的过程中，也可以引以为鉴，适当利诱，有时能起到意想不到的效果。

王文是一个用心经营服装店的店主，不到两年的时间，他就又开了五家分店，迅速成了当地服装行业的龙头。他做服装生意秉承两个原则：一是以量制价，物美价廉；二是有着一套较好的互惠模式。如客人A在商店购买到物美价廉的商品后，如果能够介绍客人B购买商品，那么客人A将会得到一张打折卡，客人B介绍客人C，客人B也会得到打折卡。在商店获得利润的同时，客人也会得到商店给予的利益，激发介绍朋友的欲望，从而促进消费。

可能我们觉得王文这种促销方式会吃亏，实际上不然，这是他客源源源不断的原因。他巧妙地对客户施以小恩小惠，让客户感受到实惠，便能使顾客自发地为自己介绍客户。

那么，我们在劝说他人的时候，怎么"利诱"才能有效果呢？

试试这样做

1. 了解对方的喜好，送出其最需要的"恩惠"

如果我们事先不对对方进行了解，而盲目"利诱"的话，对方非但不领情，可能还会"损了夫人又折兵"，做了"赔本买卖"。

2. 做到"恩惠"积累，让"利诱"在关键时刻起作用

生活中，有些人只有在有求于人的时候才想到"送礼""说好话"等"利诱"方式。这往往会给人一种"无事不登三宝殿"的感觉，甚至怀疑你的动机。因此，我们不妨在平时就积极对别人施以"恩惠"。

著名的英国玄学诗人约翰·邓恩曾说过："每一种恩惠都像一枚倒钩，它将钩住吞食那份恩惠的嘴巴，施恩者想把他拖到哪里就拖到哪里。而接受恩惠的人就如同被钩子钩住了一样，每天都觉得别人有恩于自己，然后就会被这种情感所拖累。"这句话形象地表明了利诱在说服过程中的重要作用。有时候，适当的利诱会让对方毫无顾忌地接受你的观点。

通过权威效应,让他人轻易接受

生活中,我们往往对那些有权威机构做保证的产品更放心。这就是权威效应。古人云:"人微言轻,人贵言重",这句话是有道理的。人们有这一心理,首先是由于人们有"安全心理",即人们总认为权威人物往往是正确的楷模,服从他们会使自己更有安全感,增加不会出错的"保险系数";其次是由于人们有"赞许心理",即人们总认为权威人物的要求往往和社会规范相一致,按照权威人物的要求去做,会得到各方面的赞许和奖励。我们在说服别人的时候,可以运用人们的这一心理,这样他人接受起来也更容易。

美国心理学家曾经做过一个实验:在给某大学心理学系的学生们讲课时,向学生介绍一位从外校请来的德语教师,说这位德语教师是从德国来的著名化学家。试验中这位"化学家"煞有其事地拿出了一个装有蒸馏水的瓶子,说这是他新发现的一种化学物质,有些气味,请在座的学生闻到气味时就举手,结果多数学生都举起了手。

对于本来没有气味的蒸馏水,由于这位"权威"的心理学家的语言暗示而让多数学生都认为它有气味。那么，我们如何利用权威效应来说服别人呢？

试试这样做

1. 用事实说话，制造"权威"

"百闻不如一见"，事实胜于雄辩。如果从心理学的角度来分析，人们的心理趋向求真、求实，只有真的东西，才是最可信的。如果我们不是"权威"，就要善于制造"权威"。想让别人心服口服地接受你的观点、意见，就要用事实说话。

2. "引经据典"，使你的语言更具说服力

我们在说服别人的时候，如果能适时地引用某些权威人士的语言，将会增强说服力，比如，为了证明你产品的效果，你可以这样对客户说："某某说过……"

总之，巧妙地运用权威效应，我们在说服的时候，对方会更易接受。

手表定律：两个人同时说服时说法要一致

如果我们拥有两块或者两块以上的手表，并不能帮助我们更准确地判断时间，反而会产生混乱。这就是著名的手表定律。手表定律的深层含义在于：每个人都不能同时挑选两种不同的行为准则或者价值观念，否则他的工作和生活必将陷入混乱。对于说服别人，手表定律给我们一个直观的启发：两个人同时说服别人时要思想一致。否则，只会让被说服者的思想陷入混乱中。

美国在线与时代华纳的合并就是一个典型的失败案例。美国在线是一个年轻的互联网公司，企业文化强调操作灵活、决策迅速，一切行动为快速抢占市场的目标服务。时代华纳在长期的发展过程中，建立起强调诚信之道和创新精神的企业文化。两家企业合并后，企业高级管理层并没有很好地解决两种价值标准的冲突，导致员工搞不清企业未来的发展方向。最终，时代华纳与美国在线的世纪联姻以失败告终。

这也充分说明，要搞清楚时间，一块走时准确的表就足够了；要让被说服者接受我们的观点，一定要思想一致。对此，我们要做到以下几点：

👉 试试这样做

1. 明确说服的最终目的，避免意见分歧

如果两个人同时说服，最好在说服前进行沟通，达成明确、一致的说服目的后再进行说服工作，才能避免中场意见分歧的状况。

2. 做好配合工作，渐进说服更有效

两人同时说服，在说服过程中要做好配合工作。每个人都想表现自己的口才，但"你一句我一句"只会让对方应接不暇，倒不如由一方引出观点，一方强化观点，渐进说服会更有效。

总之，同一个人不能同时选择两种不同的价值观，否则他的行为将陷入混乱，这个人将无所适从。我们在说服他人接受观点的时候，一定要与合作者思想一致！

谈谈反面教材，让对方产生畏惧心理

生活中，人们都有趋利避害的心理，比如，在购买商品的时候，如果推销员强调不购买产品的各种负面影响的话，会大大增加客户购买产品的可能。可见，我们在说服他人的时候，可以适当利用反面教材，令对方心生畏惧，从而接受我们的意见。

第二次世界大战初期，美国一些科学家得悉德国正在试制原子弹，请爱因斯坦写了一封信，托罗斯福的私人秘书萨克斯转交总统，希望罗斯福同意试制原子弹。但罗斯福断然拒绝。萨克斯就讲述了一段历史，说：英法战争期间，在欧洲大陆上不可一世的拿破仑，在海上作战却屡遭失败。美国发明家富尔顿劝他撤去船上的风帆，装上蒸汽机，把木板换上钢板，这样可提高战斗力。可拿破仑固执地认为船没风帆不能航行，木板换成钢板会下沉，未予理睬。当时，如果他多动一下脑筋，18世纪的历史就得改写了。听了萨克斯的话，罗斯福若有所思，最终同意了科学家们的建议。

在这个故事中，萨克斯巧借历史知识、用反面教材成功地说服了总统。古今中外，此类事例不胜枚举。说服别人接受自己的观点、意见、办法等是一种复杂而困难的行为。但只要抓住人们畏惧灾难和危险的心理，这一行为将会简单得多。

那么，我们该怎样利用反面教材的说服力呢？

试试这样做

1. 站在对方的角度，晓以利害

说服术是一种攻心的计谋，站在对方的角度说话始终是最高攻心法。围绕着对方的心而谈，告之以无穷的利害变化，让对方认为你是为他着想，而且你的想法能让他解决问题，他就会听从你的建议，从而在无形中受你影响，甚至受你"摆布"了。

2. 善用对比，加深对方的恐惧

我们在利用反面教材说服对方后，可以再为其寻找一个解决问题的正面教材，并适度夸张正面教材的效果。这样，对方就会自己得出结论。

诱导式劝服，不战而屈人之兵

很多人误以为，在说服别人时应毫不让步，让对方毫无拒绝的余地。但事实证明，有时候，我们越是想让别人接受我们的意见，越是事与愿违。如果我们能让对方跟着我们的思维想象，最终自己得出结论，那么，说服起来就会更容易，这也是说服的最高境界。

1945年富兰克林·罗斯福第四次连任美国总统。《先驱论坛报》的一位记者去采访他，请他谈谈连任的感想。罗斯福没有立即回答，而是请这位记者吃三明治。记者觉得这是殊荣，便十分高兴地吃下了第一块三明治。接着总统又请他吃第二块。他觉得盛情难却，又吃了。不料总统又请他吃第三块。虽然已吃得很饱，但记者还是勉强吃下去。哪知罗斯福总统又说："请再吃一块吧！"记者一听，哭笑不得，他实在吃不下去了。罗斯福看出他的心思，微笑着说："现在你不需要再问我对于第四次连任的感想了吧！"

罗斯福采用诱导的方法，使记者自己得出结论。诱导式劝服的心理策略就是不直接答复，而是先讲明条件、说明理由，诱使对方自己得出结论的方法。该方法的特点是"不战而屈人之兵"，让对方自动认同。

那么，我们如何运用这一心理策略呢？

试试这样做

1.明确最终的说服目的

这就要求我们在说服别人前，要明确自己的立场。否则，我们的思维很容易被对方掌控，导致中途"倒戈"。

2.站在对方角度说话，步步为营地引导

这就需要我们运用语言的智慧引诱他人进入自己的圈套，于无形之中将他人的内心防线攻破。也就等于在两个人的角逐中取得先机，这样就会在不知不觉中挫了对方的锐气。

3.营造轻松的谈话氛围

大部分成功的说服，都要在和谐的气氛下进行才可能达成。如果我们不注意说话态度，即使有再完美无缺的说服策略，也会因对方生疑而不攻自破。

巧用暗示说服术

可能我们都听过一句话："谎言说一千次也就成了真理"，其实，这是心理暗示的作用。科学家研究指出：人是唯一能接受暗示的动物。暗示，是指人或环境以不明显的方式向人体发出某种信息，个体无意中受到影响，并做出相应行动的心理现象。暗示是一种被主观意愿肯定了的假设，不一定有根据，但由于主观上已经肯定了它的存在，心理上便竭力趋于结果的内容。我们在说服他人的时候，也可以采用暗示说服术。

某人到医院就诊，诉说身体如何难受，而且身体日渐消瘦，精神日见颓丧，百药无效，医生检查发现此人患的是"疑病症"。后来，一位心理医生接受了他的求治。医生对他说："你患的是某某综合征。"正巧，目前刚试验成功一种特效药，专治你这种病症，注射一支，保证三天康复。打针三天后，求治者果然一身舒适出院了。其实，所谓"特效药"，不过是极普通的葡萄糖，真正治好病的，是医生语言的暗示作用。

那么，如何巧用暗示说服术呢？

试试这样做

1. 保持自信

一个人一旦有了自信心，也会影响他人。如果想说服他人，就要先说服自己，而后再用自己的沉稳自信征服他人。有人对那些拥有极强说服力的成功者做过研究，他们发现："这些人能够通过过去的成功、个人的天赋和善于说服别人的技巧创造出奇特的洞察力。"因此，我们在说服别人的时候，首先自己应当十分自信，当自信只有九分的时候，也应当表现出十分的自信来，否则，连自己都不相信自己，怎么可能说服别人？只有保持自信，才能在说服别人的时候，在气势上略胜一筹，达到先声夺人的效果。

2. 适当重复与强调

我们在运用暗示说服术这一方法时，要把握好对方的心理。通常情况下，暗示次数越多，越能起到影响对方的作用。

第 6 章
巧设心防：如何巩固自己的心理防线

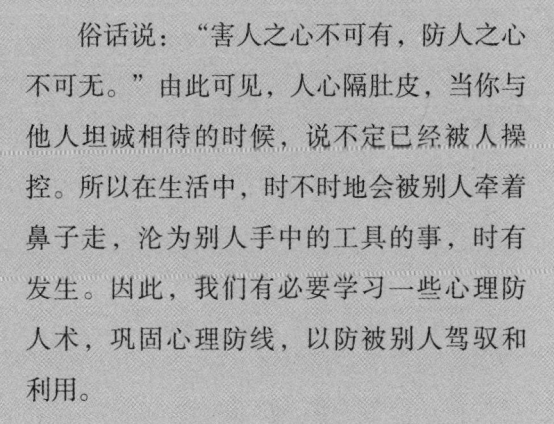

俗话说："害人之心不可有，防人之心不可无。"由此可见，人心隔肚皮，当你与他人坦诚相待的时候，说不定已经被人操控。所以在生活中，时不时地会被别人牵着鼻子走，沦为别人手中的工具的事，时有发生。因此，我们有必要学习一些心理防人术，巩固心理防线，以防被别人驾驭和利用。

谨慎对待那些爱挑毛病的人

在职场中，有时候不管你怎么做，上司总是不满意，不断地挑毛病。这时候你就要明白，上司有他的想法，希望你能按照他的想法做。同样，在生活中，总有一些人通过不断挑你的毛病，让你感觉到有必要听听他们的想法和建议。在这个过程中，对方就对你实施了攻心和操纵。

对于蒙娜的男朋友，父亲总是看不上，不是说他身高矮，就是说他不体面。因此，每次蒙娜带男友回家吃饭，父亲总要数落他一顿。见父亲不满意，蒙娜知道他一定有自己的想法，于是征求了他的意见。果然，父亲早就为她物色好了对象。在父亲的干预下，蒙娜跟男朋友分手了。

别人不断挑毛病，不一定是你真的存在很多问题，也许只是对方在鸡蛋里挑骨头，想要让你放弃自己的主见，听从他们的安排。因此，当你遇到别人不断地挑毛病的时候，要坚持自己的主见，不要因为对方的否定就否定自我。那么，对于那些爱挑毛病的人，究竟用什么方法才能避免被他们控制和操纵呢？

试试这样做

1. 表达你的不满

当别人对你指手画脚、不断挑毛病的时候，千万不要不假思索"虚心接受"。你接受了对方的挑剔，就意味着否定了自己。所以，面对他人的挑剔，要把你的不满表达出来，从而让对方有所收敛。

2. 抵制对方的建议

对于别人的意见和建议，如果你不同意，就要表示出抵制和反感。别人之所以给你建议是因为想要让你按照他的意愿行事。所以，要把你的反对和抵制表达出来，让对方无从下手。

3. 要坚持自己的主见

不管别人怎么说，一定要坚持自己的主见。只有忠于自己才不会被别人钻了空子。要知道这是你自己的事情，别人没有权利指手画脚，更没有权力干涉。

时刻保持理智和清醒，识破他人的心理

有些时候，我们觉得别人在关心我们，帮助我们，在设身处地为我们着想，殊不知在我们感恩戴德的时候，对方已经在暗暗自喜了。只是因为对方站在了我们的立场上，看起来是为我们着想，实际上是在为他自己打算。

华表做生意赔了很大一笔钱。得知消息之后，他的表哥前来看望他，安慰他说："没关系，做生意哪能不赔钱呢，这样吧，你要是想翻身的话，跟着我做，我给你投一笔资金。只要你好好经营，一年之内就能把本收回来。"华表感动地握着表哥的手说："谢谢表哥啊。"事实上，表哥正在四处筹款呢，此时找到华表合作，不但能分走华表一大半的利润，还找到了免费的劳动力。

表哥看起来是在帮助华表，可是实际上却在利用他。因此，我们需要多留个心眼，多观察身边那些对我们施以援手的人，避免在感情的幌子下，被人攻心和操纵。那么，如何才能

识破他人的攻心和操纵呢？

👉 试试这样做

1. 以利益为出发点

每个人做事情归根结底是为了追求自己的利益。无偿提供给别人帮助的人的确存在，但是毕竟是少数。要从自身利益出发，考虑别人这么做的缘由。

2. 站在对方的角度上想

多站在对方的角度上考虑，他给你建议和意见的同时能给他带来什么。

3. 提防别人的热心

别人表现出对你的热心，有可能是因为有利于他。

言多必失，远离那些八卦者

我们不得不承认这样一个事实：你不经意说过的一句话，很快就会传到你的耳朵里，而且内容与你的原话大相径庭。因此要注意那些专门传小道消息的八卦之人。言多必失，你不经意间的失误，关键时候就会成为他们要挟你的把柄，从而被驾驭和操控。

董永平日里不爱说话，所以很少有关于他的负面消息。可是一次喝醉酒后，由于平日里对领导的不满，便发了个小小的牢骚。三个礼拜后，在新一届领导班子的选举中，有人要挟董永要积极支持他的对手。对方要挟说，如果董永不答应，他们就将之前董永发过的牢骚告诉他的上司。如果这样，董永就有可能失去现在的职位，甚至会失去工作。无奈，董永只好退出了竞争，积极支持他的对手。

言多必失，说不定在哪个时候你就会说错话。或许你觉得听到这些话的人跟你没有利益之争，也没关系。实际上，大错特错。当他们将你说过的话传出去之后,和你有利益之争的人就会把这些话当作宝贝一样收藏,在关键时候拿捏你。那么,如何三缄其口,避免被八卦呢?

试试这样做

1. 抱怨的话不要随便说

生活中,难免会遭受各种挫折和打击。因此对人、对事有不满情绪也是很正常。但是不要把你的不满到处乱说,以免成为被人要挟的把柄。

2. 指责的话最好不说

人的意见难免会有不一样的时候,所以,对别人的想法和做法无法接受也能理解。但是切记,指责别人的话最好不说,保不准隔墙有耳。

3. 勿不可论人是非

不要随便道人长短,论人是非。是是非非自己心里明白就好,说给别人听无济于事,反而会让别人控制你,驾驭你。

他人的心机与城府，该如何看待

生活中，那些心机重，城府深的人往往会让人感觉脊背发凉，面对他们会觉得束手无策。事实上，即使隐藏得再深，他们也会有破绽露出来，只要你足够仔细，足够认真，一样可以洞悉他们的心思。

明溪是个城府很深的人，即使是和他最要好的朋友，对他也有些琢磨不透。他平日里很喜欢跟人社交，但是却很少有知心朋友。大家觉得跟他在一起没有安全感。这天，明溪和他唯一的好朋友去看比赛，其间明溪说要说厕所，离开了。朋友知道他不是去上厕所，所以在辅导员的办公室门前，悄悄等着明溪。5分钟后，明溪提着一大包礼物悄悄地出现了。原来他想获得这次的奖学金。他从来没有提过此事，总是表现出对奖学金不屑一顾的样子。正是因为如此，朋友才知道他一定对此有表示。在这个场合下，看到朋友，明溪顿时好尴尬。

一个人隐藏再深，也有将自己的狐狸尾巴露出来的时候。

所以，对于那些城府很深的人，和他们接触时，要多加留意他们的动作和表情，很多时候他们表现出来的和实际内心所想的截然相反。只要你细心观察，一样可以洞悉他们的心思。那么，如何看出他们的城府呢？

试试这样做

1. 多留意对方没兴趣的事

对他们来说，对一些事越表现得没兴趣，实际上越能引起他们注意，所以，对方越表示没兴趣，你越要多加留意。

2. 关注对方的眼神

对于提及自己关注的事情，一般人都会两眼放光。多观察他们的眼神，发现他们眼里有光的事情一定是他们的心思所在。

3. 从对方的说话中听出端倪

尽管他们不会说实话，但是在说话的时候也会有所表现。比如他们会说非常讨厌一个人，可是提起这个人时却说个不停。很明显，对方很关注这个人。

刺猬法则：人与人之间需要一定的安全距离

许多人都有这样的经验和体会，和关系亲密的人之间经常发生摩擦和矛盾，越相处越不如最初认识时那样轻松，这其实可以用心理学上的刺猬法则，也叫心理距离效应来解释。

所谓刺猬法则，最初是生物学家为了研究刺猬在寒冷冬天的生活习性：把十几只刺猬放到户外的空地上，这些刺猬被冻得浑身发抖。为了取暖，它们只好紧紧地靠在一起，而相互靠拢后，又因为忍受不了彼此身上的长刺，很快就又各自分开了。可天气实在太冷了，它们得靠在一起取暖。然而，靠在一起时的刺痛使它们不得不分开。挨得太近，身上会被刺痛；离得太远，又冻得难受。就这样反反复复地分了又聚，聚了又分，不断地在受冻与受刺之间挣扎。最后，刺猬们终于找到了一个适中的距离，既可以相互取暖，又不至于被彼此刺伤。这也就是在人际交往过程中的"心理距离效应"。

那么，在人际交往中，如何保持好双方之间的安全距离呢？

> **试试这样做**

1. 允许别人到你的生活中来

尽管你对别人不怎么了解，但是彼此之间的正常社交还是需要的。如果因为害怕被伤害，而拒绝别人到你的生活中来，那么你将会被社会隔离，也会感受到人与人之间的冷漠。这对你的正常生活是不利的。

2. 对别人表示出关心和问候

和别人保持一种愉悦的人际关系，时不时地对别人表示出你的关心和问候，把你的温暖传递给别人。别人也会把他们的温暖传递给你。但是切不可被温暖冲昏了头，敞开心扉，什么都说。

3. 即使是朋友也要设防

对于身边的人，有时会觉得他们分享了你的快乐，分担了你的痛苦，是绝对值得信赖的。但是如果对他们不设防，关键时候也许会被朋友所暗算和伤害。所以即使是朋友，也要有所防备。

4. 不要轻易说出你的秘密

秘密只要说出口，就会成为传闻。试想连你自己都无法保守自己的秘密，别人又怎么可能把你的秘密守住呢？所以，不要轻易相信别人所说的"我不会告诉别人的""我会保密的"。要保护好你的秘密,不要随便说出来。

5.要学会适当拒绝

如果你因为担心拒绝会伤害别人,那么最终饱受伤害的那个人就是你。因为你的不决绝让别人认为他提的任何要求你都能满足,你是对方最值得信赖的朋友。事实上对方和你都没有做好相应的准备。因此,用适当的拒绝来拉远彼此之间的关系,避免被伤害。

做事时多考虑一点，避免被人发难

做事情前慎重地多做考虑，将有可能发生的事情都考虑周全，并做出相应的应对预案。这样即使这些有可能发生的事情变为现实的时候，也能妥善处理。别人想要以此来刁难你也不会那么容易。

吴飞是校文学社的组织委员，这次文学社决定组织成员去杜甫草堂参观，具体事宜由吴飞负责。在组织活动之前，吴飞做了个突发事件处理预案。包括去的人数过少怎么办，如果有个别人不听指挥怎么办，等等。在活动当中，果然有部分学生不听指挥，这时候文学社社长跑过来质问吴飞，并提了相关的建议和意见。根据预案，吴飞迅速做出了决策。

故事中的文学社社长想借着机会质问吴飞，顺势把自己的想法说了出来。如果这时候吴飞没有做相应的预案，那么势必会采用社长的意见。因此，做事多想一下，避免他人发难而受人操纵。那么，做事之前，应该考虑哪些因素呢？

试试这样做

1. 做好最坏的打算

在做事情之前,做好最坏的打算。这样一来,即使出现了问题,也不会惊慌失措,而会冷静地面对,迅速拿出相应的策略来解决问题。

2. 突发事件如何处理

事情在具体实施当中,任何情况都有可能发生。所以在执行之前,做好突发事件应急预案。

3. 达不到预期的效果怎么办

任何事情都不可能完全达到我们的预期,因此,如果达不到相应的效果该怎么补救,也是在行动之前必须要考虑的问题。

第 7 章
驾驭人心：如何了解对方的心理动向

心理决定着行为。掌握了他人内心的所思所想，一定程度就可以影响他的行为。当你想要别人按照你的意图来行事时，就要学会如何了解对方的心理动向。可以在对方的需求、弱点上下功夫，甚至可以设置一些障碍，让对方改变心意。

通过影响旁人来影响他人

有时候,当我们发现自己无法影响对方时,那么不妨从他的身边人入手,将自己的观点和态度间接地暗示给他们,通过身边人去说服对方,从而实现影响对方的目的。一般身边的人都是关系非同寻常的亲朋好友,对方对这些人没有心理防备,更容易被说服。

回到家乡之后,会宁不想考公务员。他想自己创业。可是爸爸妈妈总是希望他能够有一份稳定的工作。于是爸爸妈妈轮番上阵,进行说服。可是会宁决定了的事情,一般都很坚持。为此爸爸妈妈很伤神。无奈之下,他们找到了会宁的女朋友小惠,并把他们的想法告诉了小惠。一开始小惠挺支持会宁自己创业。但是在二老苦口婆心的劝说下,小惠动心了。她答应劝说会宁考公务员。一直以来,会宁对小惠的意见都很尊重,这次小惠一反常态,竟然也希望他考公务员,这让会宁有些意外。但是听了小惠的说法之后,会宁终于答应放弃创业,考公务员了。

通过影响旁人来对对方进行影响，是一种间接的心理驾驭方式，使你的想法和观念经过第三者来起作用，对方内心防御的不只是你。对于身边的人，一般人的抵御能力更弱。既然如此，那么如何通过旁人来影响对方呢？

试试这样做

1. 要让对方完全理解你的意思

通过旁人来实现影响他人的目的时，一定要注意，要让第三方完整了解你的意思，把你的想法和观点都弄明白。这样旁人才能把你的意思正确无误地传达给对方，从而对其施加影响，最终实现通过旁人影响他人的目的。

2. 要及时和第三方沟通，避免出现误会歧义

由于想法经过了第三方的传播，很容易出现歧义。所以在通过第三方说服别人的时候，一定要及时与第三方沟通，避免你的想法和意见掺杂了第三方的个人感情。利用好第三方和被影响者之间的关系，但是不要让他们的个人意见代替你的想法。

鲇鱼效应：巧施小计让对方紧张

一般情况下，人在紧张的时候会六神无主。这时候最需要别人的指引。因此，要想影响别人的心理，不妨让他紧张起来。等对方慌乱，无所适从的时候，你再及时地加以引导，让对方按照你的意愿去行事。那么，究竟如何让对方紧张起来以达到影响对方心理的目的呢？

试试这样做

1. 压力大于承受能力

当一个人遇到的压力大于自己的承受能力的时候，往往会出现紧张情绪。一般情况下，当对方紧张时，你提的建议和意见会全盘被接受。

2. 制造紧张气氛

人在紧张的气氛中心跳会加快，因为紧张的气氛会让人产生担心和忧虑情绪。在担心和忧虑中，会产生消极的心理暗示。比如面试的时候，看到每个人都小心翼翼，就会考虑：面试官问哪些问题呢？答不上来会怎么样？等等。在这些消极的心理暗示下，人就会极度紧张。

3. 用紧张时的举措诱导对方

一般情况下，当一个人紧张的时候会心跳加快，手心发汗，还有的人会结结巴巴，不知所云。当一个本来不紧张的人看到别人的这些行为时也会紧张起来。比如参加舞蹈演出，本来信心十足，可是看到别的演员紧张，自己也会不由自主地紧张起来。因此，要想让对方紧张，不妨做一些相应的动作来诱导他。

4. 安排突发事件

面对突发事件的时候，人往往没有预案，所以会不知所措，紧张慌乱。这时候，人的思维处于停滞状态。

在紧张状态下，人很容易受别人的影响，即使是平时意见坚决、不肯妥协的人，在这时候抵抗能力也会很弱，也会被人影响。所以，当你想要影响别人的时候，不妨让他先紧张起来，让他的思维停滞，让他的抵抗力降为零。这时，你的建议和意见会成为对方的准则。

热炉效应：怕烫就会退缩

生活中很多时候，我们不想让别人去做某件事情，可是对方不听劝告，执意要做。这时候可以适当地应用热炉效应，增加事情的难度，让对方知难而退，最终实现改变对方意愿的目的。

在这次的工作安排中，王总采用了人性化的管理，将几个需要做的项目公布出来，让员工根据实力做挑选适合自己做的工作。小董一向非常自负，刚进公司没几天，就挑了个最难的项目。王总知道这个项目新人是绝对做不好的，哪怕是做了五年的老员工也不一定能做好。于是他让小董选别的项目。可是小董不同意，觉得自己能拿下来。在这种情况之下，王总只好增加了项目的难度，让小董根本无从下手，最后小董不得不放弃。

王总为了达到让小董放弃的目的，增加了难度，从而使得小董不得不放弃。由此可见，当你不想让他人做某些尝试时，不妨增加难度，让对方感觉到棘手而不得不放弃，从而实现了更改对方意愿的目的。那么，利用热炉效应来更改对方意愿的时候要注意哪些方面的因素呢？

👉 试试这样做

1. 难度增加得大一些

在利用热炉效应更改对方的意愿时，难度不妨增加得大一些，以防对方顶着压力而上。这样热炉效应就失去了作用。比如你不想出售你的土地，可是对方执意要买，那么可以把价格要得高得离谱，对方自然会放弃。

2. 要有合适的理由

在增加难度的时候，要找个合适的理由，不要让对方觉得你是在针对他。比如在安排工作的时候，可以把要求说得苛刻一些，这样能力不行的人自然会退缩。如果让别人感觉到你有针对性，不利于人际和谐。

3. 为对方找好退路

如果你不想让别人这么做，那么你必须为他找好出路，这样别人会找到台阶，顺势而下，否则对方没有出路势必会死扛到底。

预测对方的需求，随时调整心理策略

生活中很多事情无时无刻不在发生着变化，因此人们的内心需求和欲望也在不断变化。这会儿想要苹果，过一会儿可能想要草莓，此刻不喜欢的东西，过一会儿可能就会喜欢。因此，要想驾驭对方，就要对对方的需求有准确的预测和把握。那么，如何了解对方的不同需求，进行驾驭策略的调整呢？

试试这样做

1. 关注对方的注意力变化

一般情况下，当一个人内心有变化的时候，注意力也会随着转移。比如有人想要买车，那么对车相关的信息就会格外关注。因此，多注意观察对方的注意力，就能在一定程度上知晓对方的内心变化。

2. 关注对方的话语

当一个人对某件事情或者某个人感兴趣的时候，往往在言语中会不断出现一些相关信息。多注意对方说话的内容和语义，尤其是搜集一些出现频率高的信息，从而把握对方的心思所在，进行相应的调整。

3. 把握对方的情绪

人对自己喜欢的东西会表现出快乐和兴奋。相反，对不喜欢的东西则会表现出反感和痛苦。因此，认真观察对方的情绪和表情，从对方的情绪变化中得知内心需求的变化。

4. 揣测对方行为

接纳自己需要的东西，拒绝不喜欢的东西，这是最简单不过的事情了。因此，当一个人有了相应的心理需求之后，会积极地行动起来满足自己。因此，观察对方的行为是探知对方内心需求变化最直接的方式。

5. 分析外在环境

人的需求会根据外部的环境变化而变化。比如一个家庭要办喜事，那么对方肯定需要到相应的酒店订酒席，需要拍婚纱照，需要买家具，等等。根据环境的变化而做出相应的调整策略，以便于更好影响对方。

冷热水效应：调控对方的心理

生活中，难免有不小心伤害他人的时候，难免有需要对他人进行批评指责的时候，如果处理不当，就会损坏自己在他人心目中的形象。这时候，就要巧妙地运用冷热水效应，不但不会让自己的形象受损，反而会获得好的评价。

王华是郑大棚招聘来的员工，做起事情来非常认真。因此经常被郑大棚表扬，但是这次他却犯了一个严重的错误。郑大棚非常生气，但是他没有直接批评王华，而是事先告诉王华，你犯了错误。过了一段时间之后，他才对王华提出了严厉的批评。因为事先得到了老板的提示，所以王华做好了充足的心理准备。接受了郑大棚的批评之后，王华并没有觉得受到了多么大伤害，反而对郑大棚感恩戴德。

运用冷热水效应，实质上是在对方心理上做好"伏笔"，让对方有个心理准备，这样面临伤害和打击的时候就不会觉得受到了严重的伤害。那么，在用冷热水效应来对对方进行心理驾驭的时候,要注意哪些方面的因素呢?

试试这样做

1. 事先进行心理暗示

在用冷热水效应影响别人的时候,最重要的一点就是事先对他进行心理暗示,让对方做好充足的准备来接受伤害。比如你要批评某个人,不妨把对方的错误事先告诉他,即使之后遭到了批评也在对方的预料之中。

2. 事后进行伤害弥补

当你不小心伤害了对方之后,一定要及时道歉,且不妨真诚一些,将歉意表达得更明显一些,这样不但把你的诚意表达了出来,而且能化干戈为玉帛。你的"过分"歉意,堵住了别人的嘴,即使对方对你再有看法也不好意思斤斤计较了。

利用对方的崇拜心理来鼓励其追逐

对于榜样,人们会追踪着他们的足迹前进。在生活中,如果你想让别人顺着你的意思去做,那么就要给他树立个榜样,利用他们的崇拜心理,让他们追逐榜样的步伐前进。

晓明高考失利了。他不想复读,想自己闯荡社会。可是爸爸妈妈想让他复读一年,考个好大学,几次说服都不欢而散,晓明和父母之间的感情受到了很大影响。这天爸爸又找到了晓明,说:"表哥你应该不陌生吧,你看看他现在,是省级干部。只要你努力学习,将来也能像他那样,我和你妈妈也算安心了。"晓明没有再反驳,而是陷入了深深的思考中。第二天,他去学校报了名,参加了复读。

故事中的爸爸为了说服晓明,举了表哥的案例,从而成功让他复读。树立个榜样,利用对方的崇拜心理,说服他改变主意,从而成功实现对他的心理影响。那么,如何利用对方的崇拜心理,为对方铺设追逐的路途呢?以下几点不妨借鉴:

> **试试这样做**

1. 榜样最好是对方熟悉的人

在利用对方的崇拜心理树立榜样的时候,这个榜样最好是对方熟悉的人。用事实说话,一定程度上可以削弱对方抵抗的心理,同时可以有效地启动对方的崇拜心理。

2. 多强调榜样的好

多强调榜样的好,由于这些好,对方会增强对榜样的崇拜心理,才能坚持向榜样学习。

3. 缩短榜样与对方之间的距离

很多人把别人的成就当作理所当然,把自己的无所作为归结为命运。因为他们觉得别人和自己之间的距离太远。因此,要缩短榜样和对方之间的距离,让他觉得别人也是可以效仿的。否则,对方是不会盲目崇拜的。

帮对方做预算，为其描绘美好蓝图

很多时候，我们想要被别人信任和依靠，光靠我们给予相应的利益是不够的，还需要我们为其勾勒出美好的蓝图，要给对方种个希望，有了希望就会有期待。同样，如果你想要影响对方的心理动向，那么不妨为其巧妙地勾勒出美好的蓝图。

阿勇是保险销售员，这天他去拜访一个客户。刚开始对方对他的推销非常反感，可是过了十几分钟，对方却表现出浓厚的兴趣。原来阿勇在推销保险的时候，为其做了一个预算，告诉他如果买这份保险，十年后获得的利润能买房子、能买车。对方一听，顿时来了兴趣。

为对方勾勒美好的蓝图，让对方的注意力紧紧被你所吸引。为了实现这个蓝图，对方对你抱有幻想，心理上会对你产生严重的依赖。事实上，这时候你已经实现了对对方的心理驾驭。那么，为别人勾勒美好蓝图的时候要注意哪些方面的因素呢？

试试这样做

1. 要符合对方的内心需求

在为对方勾勒蓝图的时候,要符合对方的内心需求。比如说给大学生勾勒蓝图的时候,要告诉他们得到好工作,就会收入高,就能在大城市安家立业等。

2. 要符合基本的生活逻辑

勾勒蓝图的时候,还要注意你的蓝图要符合基本的生活规律,如果你对大学生承诺说将来让他做美国总统,很显然不符合生活逻辑,对方也不会在你的引导下做这个梦。在勾勒蓝图的时候,一定要符合基本的生活逻辑。

3. 要持续不断地重复

在对方对你所勾勒的蓝图产生浓厚的兴趣之后,要持续不断地向对方传递相关的信息,让对方的热情不断迭起,这样才能更好地驾驭对方的心理。

软化效应：通过给予好的环境来驾驭对方

据心理学研究表明：优美的环境能软化人的心。如果对方的态度非常强烈，不肯接纳你的提议，那么适当地创造优良的环境，可以让对方的心性得到软化，从而接受你的想法和建议，最终受你驱使。

王宇和穆那是一对恋人。平日里两人感情非常好，但是这次在结婚的事上，两人各执己见，谁也不肯妥协。王宇希望能办一个传统的中式婚礼，可是穆那却希望办一个西式婚礼。经过几次沟通都以失败告终。王宇知道穆那态度很坚决，是不会轻易被说服的。于是他选择了一个阳光明媚的日子，带着穆那去郊游。面对周围一片绿油油的美好风景，两人非常开心。这时候，王宇再次将婚礼的话题提了出来，没想到的是穆那竟然不像以前那么反对了，在他的说服下，穆那同意王宇办一个传统的中式婚礼。

优美的环境让穆那的心被软化，最终同意了王宇的建议。

由此可见，环境对人的心理有很大的影响。因此，当别人态度坚决、不肯妥协的时候，不妨利用优美的环境，削弱对方内心的防御，让对方的心在柔化中向你妥协。那么，利用优美的环境来对对方进行心理影响的过程中，应注意哪些方面的因素呢？

试试这样做

1. 环境多选暖色调

一般情况下，暖色调给人温暖的感觉，当对方态度坚决的时候，暖色调能让对方的心感受到这份温暖。但是切忌用红色，红色会让人急躁，绿色能使人心情平缓。

2. 环境搭配要尽量和谐

和谐的搭配让人的心也会有和谐的感觉。人心和谐才会减少摩擦，趋同合作。如果对方是女性，则可以选择粉红色，显得淡雅一些，如果对方是男性，则选择绿色比较合适。

3. 环境要有优美的感觉

环境的选择要尽量优美一些，如果认为创造的环境不合适的话，不妨适当选择一些风景优美的地方。一般情况下，公园、旅游胜地等地方比较合适，要选择安静的地方。

第 8 章
心理暗示：如何潜移默化施加影响

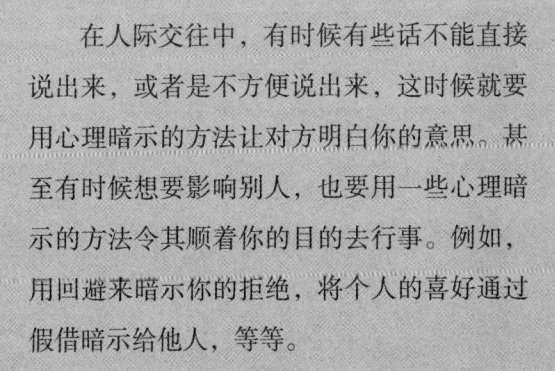

在人际交往中，有时候有些话不能直接说出来，或者是不方便说出来，这时候就要用心理暗示的方法让对方明白你的意思。甚至有时候想要影响别人，也要用一些心理暗示的方法令其顺着你的目的去行事。例如，用回避来暗示你的拒绝，将个人的喜好通过假借暗示给他人，等等。

暗示他人自己形象良好

在与人初次接触时，大家都想给对方留下一个好印象。但是双方毕竟初次见面，能了解的东西很有限。所以，这时候可以在言谈举止中不断对对方进行心理暗示，告诉别人你有良好的形象。

阿华经朋友介绍，认识了名花。在两人的沟通中，为了让名花加深对自己的印象，阿华给名花讲了很多他之前的事情。他说，之前朋友们都非常喜欢他，而且他还将之前自己做过的好人好事讲给名花听。从而暗示名花自己是个热心肠的好人，是个讨人喜欢的人。在他这样不断的暗示下，名花渐渐喜欢上了这个谈吐不俗的小伙子。

故事中的阿华通过向名花讲述自己的故事，暗示对方自己的形象良好，从而博得了对方的好感。由此可见，暗示他人自己形象良好，对他人潜移默化地施加影响，可以影响对方的决策。那么，如何暗示他人自己形象良好呢？

试试这样做

1. 讲自己做过的好事

通常情况下，人品是良好的形象的关键。因此，在暗示对方的时候，要多说一些自己做过的好事，让对方感觉到你是一个正直的人，一个人格高尚的人。

2. 讲自己获得的荣誉

既然能获得荣誉，那么说明你能力出众。所以在和别人交流的时候，不妨说一些自己曾经获得的荣誉，让对方觉得你能力出众，从而对你产生好感。

3. 讲自己如何处理良好的人际关系

从一个人处理人际关系的做法上，也可以看出一个人的心智是否成熟，性格是否优良。因此，多讲如何良好地处理身边的人际关系，无疑是在暗示对方你很成熟，你性格很好。

运用积极的暗示鼓励他人

事实上,生活中大多数人都需要别人的鼓励。因为别人的鼓励就是对自己的认可。人得到了别人的鼓励,才会对自己进行积极的自我暗示,才会表现得更加优秀。因此,要多给对方积极的暗示,让对方更加自信。

这天是华阳第一次上台表演,内心深处不免有些紧张。站在台上脑子里一片空白,心咚咚地快跳出胸膛了。他的妈妈正坐在台下看他表演。妈妈发现华阳很紧张以后,不断地冲他微笑点头,时不时地做出"加油""胜利""你是最棒的"的动作来暗示华阳。在妈妈的暗示下,华阳情绪渐渐平稳了下来,以出色的表演赢得了掌声。

故事中的华阳在表演时非常紧张,后来在妈妈的不断鼓励暗示下,对自己充满信心,最终以完美的表现赢得了观众的认可。由此可见,对别人积极的心理暗示能令对方信心百倍。那么,如何给对方积极的心理暗示呢?

试试这样做

1. 面带微笑，不断点头

当你面带微笑不断点头的时候，传达给对方的信息是：我看好你，你一定能行。当对方看到你这个暗示之后，内心就会慢慢平静下来。

2. 配合适当的手势

用适当的手势向对方传达你积极的心理暗示，例如，举起拳头不断向上，表示加油；右手食指和中指伸出来，表示胜利。当对方看到你的这些手势时，信心会大增。

3. 投以期待的眼神

当你在担心害怕的时候，一个期待的眼神往往会让你信心百倍。所以在对方意志不坚定的时候，不妨给予他一个期待的眼神。让对方明白，有人期待着他的表现。

巧施小计让对方将关注点放到你的暗示上

有些时候，你在不停地暗示对方，可是对方的注意力并没有在你的暗示上，这样即使你费再大的劲，对方也没有办法明白你的意思。这时候就要想办法将对方的注意力吸引到你的暗示上，让对方清楚明白你的心意。

沐阳和鹉衣是非常要好的朋友，这天两人一起出外游玩。鹉衣今天特意穿了一套非常漂亮的衣服，围着新款围巾，戴着时尚的帽子，非常惹人注意。可是沐阳因为家里出了点事情，最近心情不好，所以并没有留意鹉衣的精心打扮，只顾低着头想心事。为了引起沐阳的注意，鹉衣故意在沐阳面前走来走去。沐阳没有注意到鹉衣的作为。突然，鹉衣不说话了，沐阳才发觉不对劲，仔细一瞧，才发现了鹉衣的变化。

故事中的鹉衣千方百计地想要让沐阳看到自己的变化，可是沐阳的注意力始终不在她的身上。当她一反常态安静下来的时候，沐阳才发现了她的不一样。由此可见，要想把对方的注意力吸引到你的暗示上,是要需要一定技巧的。那么,如何才能吸引别人把关注的重点放在你的暗示上呢?

试试这样做

1. 多暗示几次

如果你的暗示没有引起对方的注意,那么不妨多暗示几次。多次暗示之后,再笨的人也能领会你的意思了。

2. 语言中多提几次你的暗示

说话的时候,多提几次你的暗示,有时候可能对方没有注意听你的暗示,但是你多说几遍,对方自然能明白你的心思。

3. 引起对方的好奇

你的暗示之所以没有引起对方的注意,很大程度是因为对方的注意力不在你身上。那么,不妨引起对方的好奇心。

巧妙暗示，让你的上司乐意接受你的加薪请求

在职场上，要求上司给自己加薪是最难说出口的。如果直接说出来被上司拒绝怎么办？上司对你的印象不好了怎么办？这时候，最好的方法便是把你想要加薪的意愿暗示给上司，既不用担心被上司拒绝，也不用担心给上司留下不好的印象。

慧行在公司已经工作了整整三年了。可是工资还是和新员工是一样的。为此他有点不甘心。想辞职又怕找不到合适的工作。跟老板提出加工资吧，又怕被拒绝，以后难和老板相处。后来，在朋友的提示下，慧行采用了暗示的方法。这天，老板刚好过来和慧行讨论工作。慧行有意无意间聊起了自己的好朋友，说对方的工资很高，自己开销不够，经常向对方借钱。老板听了，笑了笑便走了。发工资的时候，慧行的工资涨了很多。

故事中的慧行利用向老板提向朋友借钱的事，将自己工资低、想要加薪的想法暗示给了老板，从而避免了各种尴尬。

由此可见，想要把你加薪的意愿暗示给老板也是一种技巧。那么，如何将你想要加薪的想法暗示给你的上司呢？

试试这样做

1. 在上司面前哭穷

在向上司暗示你想要加薪的想法时，要学会在上司面前哭穷。例如，在上司在场的时候，表现出自己吃不起一顿好饭，或者是强调有时向朋友借钱花等。

2. 抱怨工作太累

同样的工作，以前做的时候很轻松，现在做的时候压力很大，感觉很累，把这种感觉说出来，暗示老板该加薪了。

3. 借别人的事说自己的话

老板在的时候，不妨说说你假设的某个朋友因为工资低而跳槽的事实，通过别人的事将你的意愿表达出来。

巧妙将你的喜恶暗示给对方

每个人都有自己的喜好,而且都喜欢在人际交往当中将自己的喜好直接说出来,如果和对方的喜好相左,那么势必会造成麻烦和尴尬。这时候就要学会用技巧将你的喜好巧妙地暗示给对方,让对方对你提前有所了解。

章伦和艾美是一对刚刚走到一起的恋人。章伦喜欢热闹,喜欢和朋友们聚会狂欢,而艾美却是个非常安静的人,大多数时候喜欢独处。因此,每次在章伦带着艾美和朋友们聚会的时候,艾美都觉得非常痛苦。这天,章伦又要带着艾美去参加聚会。艾美笑着说:"我想听听爱尔兰音乐,最近心情有点浮躁。"过了几天,章伦又要带着艾美参加聚会,艾美找了同样的借口。这一下,章伦彻底明白了。艾美不喜欢热闹。从那以后,章伦再也没对艾美提出过这样的要求。

故事中的艾美通过连续几次找借口的方式来拒绝章伦,把自己不喜欢热闹的情绪暗示给了章伦,从而赢得了对方的尊重。由此可见，将自己的喜恶巧妙地暗示给别人，让对方理解你的感受，避免了心情不好而爆发冲突。那么，如何将自己的好恶巧妙地暗示给别人呢？

试试这样做

1. 多讲你喜欢的事

一般情况下，一个人喜欢什么，就会对此表现出浓厚的兴趣，相反，如果你在对某件事表现出浓厚的兴趣时，就暗示了你的喜好。

2. 将你的情感通过别人的故事表达出来

当你表达厌恶情绪的时候，可以将你的情感通过别人的故事表达出来。比如对方不讲卫生，你很不喜欢。那么你可以说另外一个人如何不讲卫生，如何讨厌，对方听着自然会明白。

3. 通过自嘲暗示对方

当你喜欢一件事情的时候，不妨把你的喜好通过自嘲表达出来。例如，你喜欢吃米饭，你不妨抱怨自己说："我怎么这么讨厌，咋就不喜欢吃面呢！"对方自然明白你的意思了。

如何将暗示运用到批评与提意见中

谁也不愿意受到别人的批评，更不愿意别人对自己指手画脚。在批评和提意见的时候要通过一些暗示话语，将你的批评巧妙地传达给对方，让对方明白你的批评和意见，又不至于与你之间产生伤害和对抗。这就需要一定的技巧了。

小李将这个月的任务完成后，递交了上去。老板看了有些不满意。但是他并没有直接批评小李，更没有提意见。而是告诉小李，他的工作做得非常认真，只是还有一些瑕疵而已，并提出了一些相应的建议供小李参考。小李并没有不高兴，而是欣然接受了老板的批评和建议，从而将任务做得更好。

故事中的老板并没有直接批评小李，而是通过肯定他的付出，然后以提建议的方式指出了工作中的问题。小李不但接受了批评和建议，而且没有产生一丝一毫的对抗情绪。那么，如何用暗示的话语来表达你的批评和建议呢？

试试这样做

1. 别说不好，而说更好

没有人愿意接受被别人否定的现实，因此，对方即使做得不好，也不要直接否定，而是要肯定他，同时把你更好的想法说出来让对方思考。

2. 用"参考"代替命令

在表达你的意见的时候，不要告诉对方"你该怎么样"而是告诉对方"如果这样，可能会更好"。将最终的决定权留给对方，让对方受到应有的尊重。

3. 对对方充满希望

在提意见的时候，不妨对对方充满希望，让对方感觉到尽管有小毛病，但是总体还是很不错。更重要的是别人会对自己充满希望。这种希望就是一种肯定。

回避也能起到暗示的作用

有时候,当你不想回答他人的问题时,往往选择用沉默来暗示对方。当你不愿意和他人讨论某个话题的时候,则会选择转移话题来暗示。用回避来暗示你的不情愿,对方自然不好意思再纠缠你。

黄老师负责这次期中考试的出题工作,得知这个消息之后,晓明想方设法地想从黄老师那儿打听一些考试的信息。这天下午放学后,同学们都陆续离开了教室,晓明悄悄找到了黄老师,对黄老师说:"黄老师,我妈妈让我问候您,并让我无论如何将您请到家里去做客呢。"原来黄老师和晓明的妈妈是同学。当天晚上,黄老师来到了晓明家做客。晓明说:"黄老师,这次考试主要考哪方面的啊,给我大概说说啊。"黄老师则回答说:"主要考课本上的知识呗,课外的肯定不会考。"晓明接着问:"主要考哪几章呢?"黄老师说:"哪章都要考。"见黄老师故意回避,晓明便不好意思再问了。

故事中的黄老师，因为不想回答晓明的问题，所以故意装作不明白，回避问题的实质，暗示晓明不想回答。由此可见，当你不愿意或者不能回答对方的问题时，不妨采用回避的方式，暗示对方。那么，用回避的方式暗示的时候，要注意哪些方面的问题呢？

试试这样做

1. 故意曲解对方的问题

当你不愿意回答对方提出的问题的时候，可以曲解对方的意思来回避。例如，有人问你："最近在忙什么？"意思是问你在做什么工作呢。你可以回答："我正在看书。"巧妙地避开对方的问题，暗示对方不愿意透漏目前的工作。

2. 回答模棱两可

当对方问了一些不该问的问题又不得不回答时，这时候完全可以用模棱两可的方法来回避。比如有人问："你现在能拿多少钱的工资啊？"你可以这样回答："也就几千元呗。"既回答了对方的问题，又没有说出你不想让对方知道的事情。从而暗示对方，你不愿意说出收入。

借用其他事物联想,以此来引发联想

有些话,直接说出来,平淡乏味,如果善于利用好身边的事物做隐喻,可以让对方浮想联翩,勾起对方极大的兴趣。尤其是表达情感的时候,更是需要用身边事物的隐喻,来达到让对方心领神会的效果。

阿毛和玲玲是一对恋人。这天晚上,他们俩约会的时候,玲玲突然问阿毛:"你爱我吗?""有多爱?"阿毛说:"就是很爱很爱。"玲玲故意刁难说:"很爱很爱是多爱啊,我怎么感觉不到啊?"阿毛:"那你能看到圆圆的月亮吗?"玲玲抬起头说:"当然能看到了,月亮又大又圆。"阿毛说:"月亮代表我的心,你说我爱你深不深?"玲玲满足地勾住了阿毛的脖子。

故事中的阿毛利用月亮又圆又大来隐喻自己对玲玲的爱,玲玲看着月亮浮想联翩,从而产生了一切与阿毛的爱有关的联想。由此可见,借用身边的事物进行隐喻,让对方主动产生联想。那么，在这个过程中要注意哪些方面的问题呢？

试试这样做

1. 隐喻也要有共同的属性

隐喻也是比喻，既然是比喻，你所要比喻的东西和身边的东西要有共同的属性才行。例如，故事中阿毛用又圆又大的月亮来比喻对玲玲的爱，用月亮的满来比喻对玲玲爱得满。

2. 用对方熟知的事物

隐喻的时候，要用对方所熟知的事物，这样才能调动对方的想象力。如果你说的东西对方没见过，没听过，那么隐喻就失去了作用。

3. 要有美感

用隐喻的东西要有美感，这样才能让对方心情好，乐于接受你的说法。

自我暗示有哪几种心理策略

我们不得不承认，平日里，当我们穿上新衣服的时候，会特别爱讲卫生，当我们取得一个小小的成就之后，就会觉得自己已经高人一头。这是因为，当你穿新衣服的时候，你会暗示自己是个爱干净的人，既然是爱干净的人，那么自然要讲卫生了。同样，取得成就之后，你会暗示自己是个成功者。

三年级甲班的王乐如愿以偿当上了班长。自从他当了班长之后，早上再也不睡懒觉了，而是第一个来到学校，认认真真地学习。每天晚上放学后再不用爸爸妈妈督促学习了，而是主动地完成家庭作业，还抽时间阅读很多课外书。就连他平日里最要好的朋友约他去玩，他都拒绝了。可在这之前，他不吃饭也要去玩的。

通过上面的故事我们可以了解到，王乐因为当了班长，时时刻刻对自己进行心理暗示，让自己真正起到表率和带头作用。由此可见，对自己进行心理暗示能够帮助我们更好地实现自己的意愿。那么，生活中，暗示自己的心理策略有哪几种呢？

试试这样做

1. 穿着体面点，暗示自己有身份

当你穿得体面一些之后，无疑是在告诉自己，我是有身份的人。在这种心理暗示之下，你的所作所为便会表现得不一样。

2. 说话沉稳些，暗示自己比较成熟

一般情况下，成熟的人说话办事都非常沉稳。同样，当你说话沉稳一些后，相当于暗示自己是个成熟的人，进而在为人处事的时候会更偏成熟。

第 9 章
心理拒绝：如何在不伤和气的情况下拒绝他人

生活中，总是有一些"老好人"，为了满足别人的愿望，委屈了自己。他们担心拒绝了朋友会伤害对方，失去友谊。心理学家认为，不会说"不"是人际交往中心理脆弱的表现。这些人在拒绝别人方面存在心理障碍。的确，一个简单的"不"字说起来并不是那么容易，因为人是感情动物，任何人被拒绝后都有可能产生不快、愤怒甚至怨恨。但如果我们对方从心理角度出发，掌握一些心理拒绝术，对方接受起来会轻松得多，我们心里也会舒服些！

别做"好好先生",善于拒绝他人

生活中,我们发现有这样一些人,他们凡事迁就别人,对于别人的要求有求必应,我们称这类人为"老好人"。"老好人"是否真的那么好呢?实际上不然,他们情愿自己不方便,也不想麻烦别人;自己牺牲,叫别人有所得;自己让步,叫别人保住面子;他的自信心全靠别人的"同意"和"称赞"来支撑。实际上,"老好人"心理已经成为影响我们成功的障碍之一。

小江大学一毕业就进入现在的公司就职。由于是新人,小江时刻提醒自己:虚心学习,低调做人。为了尽快与同事"打成一片",搞好人际关系,小江对于同事提出的请求几乎没有拒绝过,有时还主动为别人分担工作。

然而小江没想到的是,她无意间的一次拒绝,竟然让她的努力功亏一篑。有天,一位女同事因为要去相亲,希望小江能替她代班。不巧小江那天也有事就拒绝了她。本以为此事就此作罢,哪承想在后来的工作中这个同事明显开始冷落、孤立她,甚至背后议论她,说她"领导的要求就有求必应,同事的请求就摇头拒绝"。小江很委屈也很气愤。

可见，与人友好相处没错，但绝不可做老好人。老好人做的次数越多，最后越容易被淘汰。只有一个有主见、有思想的人，才能取得最终的成功。为此，我们要懂得拒绝，应做到以下几点：

试试这样做

1. 大胆表露自己的意见

唯唯诺诺、生怕得罪那些与自己意见不同的人，是老好人的主要心理状态。他提出意见，如果有人不同意，他会立刻觉得自己的看法是错的。为此，摒弃老好人原则，就要大胆表露自己的意见，让他人重新认识你。

2. 不要过于逞强

那些老好人，即使自己不能胜任，有时候为了不得罪人，也会答应别人的请求。而最终结果常常是吃力不讨好。因此，无论如何，我们都不能逞强。

3. 积极自信赢得良好的人际关系

那些人际关系良好的人，并不是一味地迁就他人，而是以自信和一些优良的品质打动别人。为此，我们不妨从完善自身开始做起。

先表达你的谢意，再委婉拒绝

如果你遇到异性朋友的求爱，而你对他毫无好感，你该怎么拒绝？如果你的朋友在聚会上给你一杯酒，而你根本不胜酒力，你该怎么拒绝？可能这些情况我们都遇到过，如果我们直言拒绝，可能会造成误解，导致双方关系不和。其实，我们不妨运用一些心理学对策，掌握一条原则，就是先表示谢意，然后在不误解意思的情况下，尽量少用生硬的否定词，把话说得委婉一点。委婉并不是虚伪。在非原则性的问题上，我们能够使对方听出弦外之音，彼此和和气气，何乐而不为呢？

一位先生送衬衣给一位关系普通的女士，这位女士非常机智地婉言相拒了："它很漂亮，只不过这种样式的衣服我男朋友送我好几件了，留着送你女朋友吧。"

这位女士这样说，既暗中示意了自己已经"名花有主"，又提示对方注意分寸。可见，谢绝人家的请求，否定人家的意见时，可以先表示谢意，然后委婉地拒绝。这样既能使对方接受你的意见，又不致伤害对方的自尊心。

那么，该如何拒绝朋友而又不影响友谊呢？

> **试试这样做**

1. 调整心态

首先是调整心态。很多人不好意思拒绝别人，和自身的性格和心态有关。他们以为这次拒绝了朋友，下次自己有事就不好向朋友开口了。这种担心和顾虑是多余的。要知道，真正的朋友之间是相互坦诚的，决不会强人所难。

2. 使用婉转的语气

比如，拒绝接受馈赠，可以说："先生，真要拜谢您的好意，但我们规定，不允许接受捐赠的礼金。真对不起了，您的钱我不能收。"如此，对方就不好再强人所难了。

3. 委婉拒绝并不代表犹豫不决

当我们表达谢意后，就可以委婉拒绝别人，但拒绝也要干脆明了，不要磨磨蹭蹭，犹豫不决，更不要模棱两可，拐弯抹角。不要使用让对方还抱一线希望的词语，如"让我试试""我再想想办法"等。否则，对方会误认为你已答应了，反而误事。

简言之，拒绝要果断、明确，避免不必要的误解。还要注意说话的语气一定要委婉、巧妙。

顾左右而言他，对方自会明白你的意思

拒绝是对他人的意愿或行径的一种否决，对此，我们就应当思索问题，不要把话说绝，应当给他人台阶下。比如，我们可以看着两旁的人，说别的话，有意避开本题，用别的话搪塞过去。这能起到顾左右而言他，让人自知其意的作用。

清代的郑板桥在当潍县（今潍坊市）县令时，查处了一个叫李卿的恶霸。李卿的父亲李君是刑部大官，得讯后急忙赶回潍县为儿子求情。

李君以访友的名义拜访郑板桥。郑知李君的来意，故意不动声色地看李君如何说到正题。李君看到郑板桥房中有文房四宝，于是向郑板桥要来笔墨纸砚，提笔在纸上写道："燮乃才子。"郑板桥一看，人家是在夸自己呢，自己也得表示表示，于是也提笔写道："卿本佳人。"李君一看心里一亮："郑兄，此话当真？"

"君子一言，驷马难追！"

"我这个'燮'字可是郑兄大名，这个卿字……"

"当然是贵公子宝号啦!"

李君心里高兴极了:"承蒙郑兄关照,既然我子是佳人,那就请郑兄手下留情。"

"李大人,你怎么'糊涂'了?唐代李延寿不是说过'卿本佳人,奈何做贼'吗?"

李君脸一红,只好拱手作别了。

郑板桥采用顾左右而言他的方式,巧妙地、委婉含蓄地拒绝了李君的求情,既坚持了原则,又不使对方太难堪。

那么,我们怎样使用这一方法拒绝别人呢?

试试这样做

1. 言他的前提是对方能接受

也就是说,我们不能就事论事、直接拒绝。即使转移话题,也不要说出伤害对方自尊心的话。

2. 回避不接受

避实就虚,对对方不说"是",也不说"否",只是搁置下来,转而讨论其他事情。遇上难答的问题时,就可以使用这个办法。

3. 不可模棱两可

拒绝的态度虽应温和,但是应该明白地告诉对方事实。模棱两可的说法会使对方怀有希望，易引起误会。

总之，在他人开口要求时即予以断然拒绝，这是非常不礼貌的，也是没有修养的表现，我们不要让拒绝成为一种机械的反应。

巧妙暗示，让对方心知肚明

真正最高境界的拒绝艺术是"不战而屈人之兵"，也就是通过心理暗示，让对方心知肚明，收回自己的请求。如此巧妙地拒绝，不仅可使对方的不快和失望减少到最低限度，还会得到对方的谅解和认可。

第二次世界大战中，丘吉尔领导英国人民积极配合盟军，最终战胜了法西斯。因此在他战后离任时，英国国会拟通过提案，为他塑造一尊铜像，陈列在公园，使英国人民不忘他的卓著功勋。丘吉尔听说之后，认为这样做不妥，于是表示了拒绝。他说："多谢大家的好意，可是我不喜欢鸟儿在我的铜像头上拉粪，还是请大家高抬贵手吧！"

丘吉尔的拒绝很巧妙，理由也很有趣。他以开玩笑的方式暗示对方——"我不喜欢鸟儿在我的铜像头上拉粪"，言外之意是：你们为表达崇敬而为我塑像，但我并不赞同这个提议。这种拒绝方式很有人情味，给人的感觉很舒服，比起直接回绝或说一通大道理效果要好得多。因此任何人听了丘吉尔的声明，都很难再坚持己见。

我们在利用心理暗示法拒绝别人时，一定要注意以下两点：

试试这样做

1. 拒绝别人时，不要与对方眼神相对

这是因为提出要求的一方在与你交谈时，一定是热情地看着你的眼睛，以求借此透过眼睛把自己的要求送入你的心中。这时你将因注视对方的眼睛，而把自己暴露在可能接受对方谈话内容的危险之中。

2. 想拒绝别人时，不要碰对方递过来的东西

我们在想拒绝别人时，一定不能去摸对方递过来的任何东西，如香烟、茶水等，不要给别人错误的暗示。

适时拖延也是温和的拒绝方法

当别人向你提出要求和帮助时，你也许是有口难言，也许是爱莫能助，或者因为对方的要求不合理，或者因为对方所求的事情不可行，从原则上、逻辑上讲都是应该直截了当加以拒绝的。但在社交过程中，这个"不"字又不是那么容易说出口。此时，我们可以采用缓冲法，也就是适时拖延，例如，你可以说："哦，我再和朋友商量一下，你也再想想，过几天再决定好吗？"这样，对方自然心知肚明。

小王最近想做笔生意，可是资金短缺。他知道同事老张有笔闲钱，于是，他想拉老张入伙。老张知道小王的想法，可是，他那笔钱是要送儿子出国的。于是，老张在妻子的指点下，他这样拒绝了小王："我们家的资金都是我太太管的，她和单位同事一起出国旅游了，下个月回来。她回来了我和她商量一下吧。"小王一听，只好知趣地打消了想法。

老张运用的就是缓冲法拒绝，这是最常用的一种拒绝方法。如果拒绝的理由不太好说，或者自己本来就不愿意答应对方，那么就可以采用这种方法，这种方法有两种形式。

试试这样做

1. 借他人之口加以拒绝

如有人找你借一本书，你说："等我问一问书的主人再说。"实际上就是不想借给他。尽管朋友心中可能不满意，但总比直接听到"不行"的回答要好些。

2. 拖延时间

别人求你办事，如果你不想办或有困难，可以说"尽力帮你办"或"等研究研究再说吧"，而不要一口回绝"不行，我办不了"。

巧妙借助第三者帮你拒绝

你是否希望有时能说"不"？很多人被迫同意每个请求，宁愿竭尽全力做事，也不愿拒绝帮忙，即使自己也没有时间。其实学会委婉地拒绝同样可以赢得周围人对你的尊敬。那么，既然我们自己不好直接拒绝，何不巧用旁人帮你拒绝呢？

刘先生自从开了自己的一家公司后，总是被那些推销员打扰，不是推销保险，就是推销健身器材，弄得刘先生很气恼。一个朋友给他出主意："你应该招聘一个秘书，这些推销员自然就会被秘书挡在门外了。"刘先生觉得此话有理，果然，在招聘了秘书后，这些烦心事少了很多，每次听到秘书对推销员说"对不起，我们老板不在，您改天再来吧"的时候，刘先生就觉得自己的决策格外英明。

生活中，我们经常看到秘书将推销员或要求会见者挡在门外这一事实。其实，这是领导拒绝接见的一个借口。因为如果自己拒绝，不仅有失身份，还容易造成误会，损害彼此间的关系。

那么，我们如何巧用旁人拒绝呢？

👉 试试这样做

1. 借他人之口拒绝要选择合适的时机

借他人之口拒绝，如果拖延太久，可能会给对方造成误会。因此，我们要尽量立即拒绝，才显得更为真实。

2. 有些情况不适合他人转告

例如，拒绝别人的求爱，应该考虑到你们的关系和对方的个性特点，选择冷处理、面谈或书信等方式，但尽量不要采用托人转告的方式，因为这显得对对方不够尊重，还可能带来麻烦。

3. 利用虚拟人物

有时候，我们可以编造出一个人物，这个人物是我们不能接受对方请求的主要原因，比如，如果对方向你借钱，你可以这样说："本来我身上有闲置的资金，但是前天借给某某了，真不好意思。"当然，前提是对方并不认识这位已经借走你钱财的人。

善用自嘲的方法委婉拒绝对方

别人有事求你,你想拒绝,明言拒绝会让人难堪,而运用自嘲委婉拒绝,既表达了自己的拒绝意图,又让对方乐于接受。所谓自嘲,即自我嘲弄。然而,醉翁之意不在酒,表面上是嘲弄自己,潜台词却另有韵味。因此,自嘲在交谈中具有特殊的表达功能和使用价值。

有一次,林肯在某个报纸编辑大会上发言,指出自己不是一个编辑,所以他出席这次会议是很不合适的。为了说明他最好不出席这次会议的理由,他给大家讲了一个小故事:

"有一次,我在森林中遇到了一个骑马的妇女,我停下来让路,可是她也停了下来,目不转睛地盯着我的脸看。她说:'我现在才相信你是我见到过的最丑的人。'我说:'你大概讲对了,但是我又有什么办法呢?'她说:'当然你生就这副丑相是没有办法改变的,但你还是可以待在家里不要出来嘛!'"大家为林肯幽默的自嘲而哑然失笑。

林肯运用了自嘲的方式，表面上看是自我嘲弄，但同时委婉地拒绝了别人的出席会议邀请。可能，有人认为拒绝是一件严肃的事，因此不会采取幽默的形式去给拒绝增添一丝活泼的气氛。那么，我们该怎样运用自嘲拒绝他人呢？

试试这样做

1. 自嘲不是反唇相讥

有些人在遇到别人的请求的时候，听不得半句"重话"，于是，本想自嘲一番，却动辄连珠炮似的反讥，常因此挑起唇枪舌剑，使良好的关系破裂。一般说来，对方听到你"恶意"的攻击后，脸上常挂不住。所以，我们不能因为"拒绝"失去一个朋友，甚至给人留下心胸狭窄的印象。

2. 了解对方，适当自嘲，不要让他人认为你别有用心

生活中，不是任何人都喜欢幽默，有些人甚至认为你的自嘲是别有用心的。他们喜欢自寻烦恼，对别人的每一句话都琢磨一番潜台词、话外音。有时你的玩笑话也会伤害到他。对于这样的人，我们不妨直接说出自己的难处，争取得到他的谅解。

无论怎样，我们拒绝他人时，都不要直接把"不"字说出口，要委婉、含蓄，这样才会更容易让人接受！

面对合理的请求，拒绝要小心谨慎

生活中，我们有时会遇到别人的合理请求，但出于各种原因，我们并不能接受。面对这类要求，我们拒绝的难度会更大，更需要小心翼翼，因为我们似乎找不出拒绝的理由，但只要我们从对方的心理角度出发，另辟蹊径，定能找出拒绝的方式。

一次学生辩论会的决赛中，中国内地学生与中国香港学生争夺冠军。中国香港学生作为正方，其论题是"发展旅游事业好"，而内地学生作为反方，对这一论题如果赞成，则意味着认输；而若反对理由又不足，结果内地学生的论题就围绕着"如果不分时间、环境盲目地发展旅游业则是有害的"展开。

表面上看，香港学生的论题是合理的，内地学生似乎也无从反驳。但内地学生运用了"移花接木"方法，把"发展旅游业好"的论题转换为"发展旅游事业要适度"。这样既回避了直接表示赞成或反对，又不影响辩论的气氛。

同样，我们在拒绝别人的合理请求时，也可以以此为鉴，要随机应变，委婉拒绝。

那么，我们该怎样拒绝别人的合理要求呢？

试试这样做

1. 给对方提出新的合理建议

在阐述自己无法帮助对方的苦衷时，不失时机地给对方提出一些合理的建议，帮助对方想其他的点子，指明方向，使对方感到你在间接地帮助他，这样就弥补了他因拒绝而造成的不快。

2. 强调客观原因拒绝

这是一种强调说明"你真是高估了我的能力，虽然我是愿意尽力帮忙的，但是客观上却有许多障碍，确实是爱莫能助"，以诸多的客观原因来加以拒绝的方法。

3. 引导对方认识到他的请求并非真正合理

如果你勉为其难，说"不"其实也很容易，关键这个"不"字由谁来说。与其直接说不，不如将此事的不合理性设成几个问句，引导对方去解答你的疑惑，在他们解答的过程中必定会对整件事进行反思，多半就能自己认识到事情的不合理性，从而缓解你的压力。

人是感情动物，被拒绝后有可能产生不快、愤怒甚至怨恨。为了避免关系的恶化，面对别人的合理请求，尤其拒绝时一定要小心翼翼。

表达自己的难处，让对方无法开求人之口

日常生活中，我们在拒绝别人的时候，如果不顾对方感受和情绪，直言拒绝的话，不仅达不到我们预想的效果，还会恶化彼此之间的关系。那么，我们不妨转换一个角度，在对方开口之前，先表明自己的难处，让对方主动放弃请求。这样，对方接受起来也轻松得多。

李某是某县城的一个机关小干部，老家在农村。有一次，两个进城打工的老乡找到李某，诉说打工之艰难，一再说住店住不起，租房又没有合适的。言外之意是要借宿。

李某听后马上说："是啊，城里比不了咱们乡下，住房可紧了。就拿我来说吧，这么两间耳朵眼大的房子，住着三代人。我那上高中的儿子，晚上只得睡沙发。你们大老远地来看我，该留你们在我家好好地住上几天，可是做不到啊！"

两位老乡听后非常知趣地走开了。

李某并没有直接拒绝老乡借宿的要求，只是说出了自己

的难处，老乡自然能听出李某的言外之意，也就能知趣地离开了。

那么，我们在运用这一心理技巧的时候，该注意些什么呢？

试试这样做

1. 言辞诚恳

我们在表明自己的难处时，应当态度诚恳、言辞婉转，以争取对方对你的同情。重要的是不让对方认为你自私傲慢，不肯帮忙，而是实在没办法。

2. 抢先一步

如果你觉得有人会有求于你，你可以在别人向你请求之前告诉他们你很忙。如果你与那人碰面，你可以说"话说在前头，我得让你知道我的日程表里这一个月里都排得满满的，所以我们别谈关于一个月内的什么新计划"。这相当于对那个即将有求于你的人做了一次警告，因此，事后他们也无法怪罪你拒绝他们的请求。

第 10 章
柔化人心：善用柔情化开人与人间的冰霜

用柔情化开人与人之间的冷漠和隔阂，这样就会为你的人生添上一笔绚丽的色彩。遇到事情多用感恩的心去看待和体会，用包容的心来感化对方。良好的人际关系是你人生中不可或缺的宝贵财富，当你用一颗金子般博爱的心去理解面前人和事的时候，人与人之间就少了一份冷酷和无情，多了一份理解和关爱。

用善良来感化那些阴暗的心

心理学研究表明，人性中有善良的一面，也有邪恶的一面。很多时候，我们内心之中都有见不得人的小人心理。当自私和权欲蒙蔽我们双眼的时候，小人心理就会被激发出来，从而做出损人不利己的事情。往往这时候，善良会转变为阴暗心理。

在一次的百米赛跑中，新手王乐凭借着初生牛犊不怕虎的精神，将老将黄磊从冠军台上比了下来。当大家都在为王乐取得的成绩欢呼雀跃的时候，黄磊却在处心积虑地想办法陷害王乐。他预谋在王乐经常练习的跑道上撒上图钉，让王乐受伤。王乐是个细心的人，他见黄磊这几天总是鬼鬼祟祟地跟在自己的身后，猜出了他要使坏。于是他在黄磊上课迟到、被老师批评的时候，主动站起来为黄磊说明。黄磊的心受到了震撼，主动找王乐承认了自己的坏主意。王乐并没有计较。之后他们就成了无话不谈的朋友。

故事中的黄磊，因为自己输掉了比赛，从而对王乐怀恨在心，并积极准备着陷害王乐。他的这种阴暗心理被王乐看透。王乐主动替他说明，用自己的善良感动了黄磊，从而感化了他。由此可见，要想转变别人的阴暗心理，善良是个好武器。用善良来转变别人的阴暗心理的时候要注意以下几个方面。

试试这样做

1. 不要憎恨别人的邪恶

小人心理隐藏在人性中，每一个人都有。所以当别人心理阴暗的时候，不要去憎恨他们，因为憎恨他们就是憎恨你自己。如果你去憎恨他们，就无法激发自己的善良之心。

2. 要学会以德报怨

人心都是肉长的，当你用友善去帮助处心积虑想要害你的人时，对方的良心会积极活动起来，如果继续加害于你，就会受到良心的谴责。因此这时候要学会以德报怨，让对方败给自己。

眼泪的功效：让对方产生怜悯之心

生活中，很多时候双方产生了矛盾和隔阂，讲道理和争吵都没有办法弥合双方内心深处的鸿沟。这时候，要适当地哭泣、流眼泪，让对方的心变软。如果这时候对方再不和你妥协，势必会受到自己良心的惩罚。

当熙暖把男朋友带回家来吃饭的时候，妈妈很不高兴。因为对方的家庭条件实在是太差了。可是熙暖非常喜欢对方。当妈妈发表了自己的反对意见之后，熙暖和她进行了一番理论。可是不论她怎么说，妈妈就是不看好。说着说着，熙暖伤心地哭了。看到女儿流眼泪，妈妈非常难过，之后，她就不再反对他们来往了。

故事中的妈妈，看到女儿流眼泪，心被软化了，最终同意了女儿和她男朋友之间的交往，母女僵持的关系也得到了改善。由此可见，要想柔化对方的内心，适当地流眼泪是必要的。那么，用流泪来软化对方的心时，要注意以下几个方面的因素。

试试这样做

1. 流泪要选对时间

用眼泪来软化对方的内心时，要选对时间。一般情况下，在对方情绪激烈的时候，最好不要流泪。这样会引起对方的反感。相反，在对方情绪平稳的时候流泪，这样会让对方的心受到感染。

2. 流泪要选对场合

用眼泪来软化对方的内心时，也要选对场合。如果双方之间的隔阂很深，那么在有第三者在场时流泪比较好，这样无形之中给对方一种压力。如果对方不向自己妥协，势必会受到第三者的谴责。

3. 流泪的同时要表达真情

流泪的同时，要用语言来表达你的真情。让对方的心在被你软化的同时，理解你，认同你，从而化解彼此之间的矛盾和隔阂。

以情动人,有时候理性解决不了问题

人是情感动物,情感能连接人与人之间的心,同样情感也是化解矛盾的良方。如果人与人之间有了矛盾,要学会动情,用你的情感来柔化对方的心,从而达到化开世间冰雪的目的。

这几天,海游不怎么和妈妈说话,原来,她和妈妈几天前吵了一架。母女之间的感情受到了伤害。这天,妈妈找到了海游,对她讲:"海游,妈妈昨晚上梦到了你10岁时的样子,那时候妈妈常常带着你到海边玩,那时候你非常调皮,一个人在沙滩上疯跑,妈妈追你,追上后我们一起躺下来看着天空哈哈大笑。"海游没说话。妈妈接着说:"海游啊,妈妈还想带你去海边走走,你愿意去吗?"海游抬起头,扑到了妈妈的怀里,哭着说:"妈妈,我爱你。"

故事中的妈妈利用怀念海游小时候的事,用真情流露来调动海游的情感,最终化解了彼此之间的矛盾。由此可见,真情流露才能化解内心深处的矛盾,才能让两个人之间的情感由冰天雪地转化为其乐融融。那么，在学会动情，用情感来化解矛盾的时候要注意哪些方面的因素呢？

试试这样做

1. 要把话说到对方的心坎上

把话说到对方的心坎上才能触动对方的灵魂，才能让对方的心受到震撼，才能让彼此之间的矛盾得到化解。所以表达情感的时候，一定要把话说到对方的心坎上。

2. 流露感情时要有铺垫

人的感情不可能无缘无故地流露出来。同样也不会无缘无故受感动。在流露感情的时候要适当地做铺垫，这样一来，你流露的情感借着这个铺垫就能感染对方的情绪。

3. 动情要适度，不可滥情

在流露感情的时候，要适度，能感动对方的心即可。万不可一发不可收拾，从而让对方产生厌恶和反感。这样不但化解不了彼此之间的矛盾，还会使隔阂更加深刻。

对人宽容，人际之间才易形成宽松的关系

生活中，不懂得包容别人的人，人际关系往往非常紧张。你不包容别人，别人一样不会包容你。这样一来，人与人之间就只剩下相互的折磨与斗争了。相反，懂得包容别人的人也会得到别人的包容，人际关系自然会宽松很多。

明朗和才华是同班同学。明朗待人宽厚，懂得包容别人，而才华却斤斤计较。一次，同学郑筒去食堂吃饭，忘了拿饭卡，一抬头正好看到才华在一边吃饭。于是他走上前去借了才华的饭卡，买了饭，并承诺第二天还钱给才华。第二天郑筒把这件事给忘了。第三天的时候，才华找到了郑筒，大声骂他是骗子，让郑筒好尴尬。同样，明朗之前借给郑筒100元。过了一个星期，郑筒才想起来归还。但是明朗不但没有怪罪于他，还关切地嘘寒问暖。学期末在选举班干部的时候，明朗得到了全班大多数同学的支持，几乎没有人投才华的票。

故事中的明朗包容了同学的过错，从而赢得了好的人缘。

相反，才华斤斤计较，人际关系越加紧张。由此可见，要想获得好的人缘、宽松的人际关系，就得学会有包容之心，宽恕别人的过错。那么，如何拥有包容的心来获得宽松的人际关系呢？

试试这样做

1. 学会理解别人

在与人交往的时候，要学会理解别人。尤其是对方犯了错误，影响到你的时候。事实上，对方犯了错误，心理上已经非常难受，内心之中渴望得到你的原谅。这时候你如果理解对方，自然不会与他计较。这样就得到了一个朋友，少了一个对手。

2. 要记得给自己留后路

人与人之间的关系是相互的。你有需要对方的时候，对方也有需要你的时候。所以，当对方犯错影响到你的时候，要学会包容对方，给自己留后路。如果和对方斤斤计较，无疑堵死了自己的后路。

3. 对他人大度一些

要想有一个宽松的人际环境，就要对他人大度一些，有时候要学会装糊涂，学会看不到对方的错误和失误。尽管从眼前的利益来看，似乎吃了大亏，但是从长远的角度来说，却赢得了人心。

不予争执，用感恩融化对方的心

当两个人之间发生矛盾后，如果你一味地和对方争吵，势必会让双方结怨更深。这时候，不妨将争吵改为感恩。当对方怒气冲冲地想要和你纠结一番的时候，迎来的却是你的感恩。试想这时候，对方还怎么好意思站在你的面前争论呢？

小惠和明月之间发生了一次激烈的争吵。这天，小惠处心积虑想好了一大堆攻击明月的言语，刻意等着羞辱明月。当明月受到小惠的攻击之后，不但没有生气，而是用感激的眼神望着小惠，说："感谢你让我承受了这么多的打击和伤害，因为这些打击和伤害，我将变得更加成熟和睿智。是你让我变得更加成熟，因此我要真诚地谢谢你。"说完，给小惠鞠了个躬转身走了。小惠愣在那里半天说不出话来。

面对小惠的言语攻击，明月没有和她争吵，而是采用感恩对方的方式，让小惠自惭形秽，从而放弃和明月的争吵和对抗。由此可见，在双方发生矛盾的时候，放弃争吵，表示感恩可以化解彼此之间的仇怨，把敌人变成朋友。那么，用感恩来让化解矛盾的时候要注意以下几个方面。

试试这样做

1. 千万不要被对方激怒

当对方对你进行言语攻击的时候，要把心放宽，不要被对方的言语激怒。如果你被对方激怒，那么你的感恩之情便没有办法表达。即使说出来也没有了感情。因为你的情绪会出卖你的心。

2. 感恩之情要真诚

在表达感恩之情的时候一定要真诚，否则你的感恩就变成了对对方的嘲讽。这样一来，你的感恩不但让对方感觉不到真诚，还会激起更多的矛盾。因此，一定要注意在表达感恩之情的时候，将你的肺腑之言表达出来。

3. 把你的友好尽可能展示出来

在表达感恩的同时，要尽可能将你的友好展现出来。这样对方更加不好意思再和你争吵了。

第 11 章
赢取人心：如何积累良好的人脉

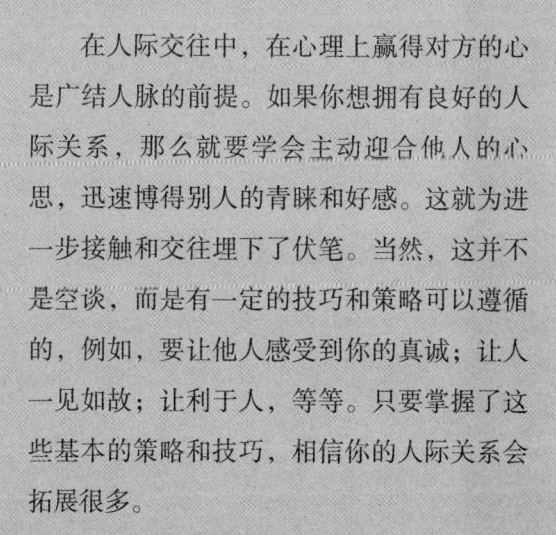

在人际交往中，在心理上赢得对方的心是广结人脉的前提。如果你想拥有良好的人际关系，那么就要学会主动迎合他人的心思，迅速博得别人的青睐和好感。这就为进一步接触和交往埋下了伏笔。当然，这并不是空谈，而是有一定的技巧和策略可以遵循的，例如，要让他人感受到你的真诚；让人一见如故；让利于人，等等。只要掌握了这些基本的策略和技巧，相信你的人际关系会拓展很多。

谦逊待人,让对方乐意指导你

谁也不愿承认自己比别人笨,自己不如别人。所以很多时候,我们都不会轻易放下面子去向别人请教。但是人都有想当老师的内心需要。因此,要想赢得对方的心,就要用谦虚的态度来向对方请教。让他满足当老师的内心欲求,从而喜欢你。

小齐刚刚踏入销售行业,根本不懂销售,但是信心百倍,一心想要做好销售。这天,他去拜访一家很有名的公司,见了总经理之后,不到三分钟,总经理就说:"我知道了,有需要再联系你吧。"在回来的路上,小齐想到了办法,折回来又来到了办公室,总经理见又是他,刚要发作。小齐抢着说:"我不是来推销的,我是来向您请教的,在刚才的销售过程中我有什么不合适的地方,还请您多多指教。"总经理的怒火顿时消了。这天,小齐成功拿下了这个单子。

故事中的小齐就是利用了总经理好为人师的心理需求,谦虚地请教对方,赢得了对方的心。由此可见,谦虚一些,让对方指导你，是赢得对方的心的好办法。那么，在这个过程中，要注意以下几点。

试试这样做

1. 态度上要谦虚

在向别人请教的时候，态度上要谦虚一些。比如眼神要真诚，要不断地点头等。让对方觉得你是真诚的，你是虚心求教的。

2. 言辞上要谦虚

说话的时候不但语气上要柔和，还要多说一些"请"和"您""谢谢"等词语。让对方从你的言语上感受到你的谦虚。

3. 行为上要恭敬

行为上也要恭让一些，比如为对方沏茶，或者是让对方坐上座，或者站在对方面前，毕恭毕敬。这些行为都能体现你的谦恭心态。

与人打交道，必须学会忍耐

生活中性格不同的人很多，有些人你可以指使他，安排他。但是有些人你不能得罪，甚至是得罪不起。那么这时候，不妨大度一些，学会忍耐，学会装傻，让他们感觉到自己占了上风，而实际上却败给了你。

小王是公司的财务总监，管理着公司的经济命脉。尽管如此，他却跟老板不怎么合得来。按理说老板完全可以换个人，可是小王的业务能力很强，换了别人，一时半会儿还真不行。因此，老板是敢怒不敢言。但是老板并不只是忍耐，他忍耐小王嚣张的气焰，只是为了让他更加努力为公司工作。最终老板在他的奖金和薪水上做文章，而且做得非常巧妙，让小王无话可说。

故事中的小王，老板自然不能直接辞退，于是他学会了忍耐，让小王觉得老板也不敢把他怎么样。可是在待遇方面，老板却做足了文章。表面上看小王是赢家，而实际上，老板占了绝对的优势。由此可见，对于一些人要学会忍耐。那么，如何学会忍耐呢？

试试这样做

1. 小事糊涂，大事精明

在一些无关紧要的事情上不妨睁一只眼，闭一只眼。但是在一些大事上要表现得精明一些。这样既能融洽地处理好人际关系，又能掌握大局，赢得主动权。

2. 给别人犯错的机会

人无完人，犯错是在所难免的。因此，要给别人犯错的机会，不要轻易地发脾气，或者教训别人。

3. 不要太计较得失

在人际交往中，不要太计较得失，这样你就会心平气和。即使别人伤害了你，也能宽恕别人，而不去和他斤斤计较。

为对方打个圆场，为其保留面子

每个人都有自己的自尊，包括幼儿园里的小"大人"。打个圆场、给别人一个台阶就等于给自己留一扇窗。给别人一个方便就是给自己一个方便。一件事发生后，要看看是什么原因造成的，不但要顾及对方的面子，还要顾及大局。

一个通信公司的业务人员为客户办理完业务后，临走时把新业务的使用方法又说了一遍才离去，可是这位老人岁数大了，记性又不好，眼睛的视力也不好。一个月后，新业务根本就没有用上，还惹得老爷子半信半疑地告诉回访人员说："这个业务会不会有假呢？我怎么用了以后不起什么作用啊？"回访人员调出通信单后仔细问过老人，原来他没有用新业务的使用方法。于是回访人员说："老人家，对不起，是我们的工作人员没说清楚使用方法。"后来老人记住方法后电话费果然降低了不少。老人给街坊说："都说通信公司的业务有优惠，还真不是假的呢！"

以上可以看出：通信公司的回访人员并没有怪罪老人的记性不好，而是很耐心地再次告诉他使用方法。所以说打个圆场比什么都重要，可以使大家更好地去做工作。如何捍卫对方自尊打好这个圆场还要从以下几点入手：

试试这样做

1.多站在对方的立场考虑问题

捍卫对方自尊，站在对方的立场考虑，就能很快知道对方的问题出在哪里了，马上找出解决方案。

2.要有真诚的心

真诚是世间一服良药，可以治好叫作误解的一种病。

3.遇到问题不慌张，要细心地解决

打好圆场，细心地找出问题的症结，从而使事情有一个圆满的结局。这样就皆大欢喜了，既保住了对方的自尊，也使业务有了更好的进展。

记住对方的名字，令其欣慰

人群中一张张陌生的面孔从你眼前闪过，突然有一个人能够叫上你的名字，你是不是有一种说不出的惊喜？是的，别人和你一样。能够在陌生的地方遇上一个认识自己的人是很开心的。同样，一个和你刚认识不久的人记住你的名字，说明对方很重视你，不然怎么能记住对方呢？一种好感就会油然升起，内心就很欣慰。

陈安之老师是一个演讲师，听过他的培训课程的人有很多。我看过他的一个视频。会场里的人很多，一开始有好多人做过自我介绍，到演讲的中期陈安之老师却把他们的名字几乎都记下来了。"天哪，您的记性可真好！"在场的一位培训成员这样赞美道。会场中的人们可能她都没有见过，或者说不知道他们姓什么，叫什么，可是陈安之老师马上就叫出了成员的名字，令成员感到了惊喜。

由此可以看出记住他人的名字是多么重要。这能够让彼此陌生的感觉消失，会让对方产生安全感，从而提高对你的信任。如何记住他人的名字，令对方感到欣慰？要注意以下几点：

> **试试这样做**

1. 可从对方的性别入手

对方的名字往往体现出其性别。

2. 可从对方的自我介绍入手

对方自我介绍时很可能会告诉你他名字的来历，这样你就第一时间记住了他们的名字。

3. 可从对方的性格入手

对方名字中的字和音或多或少地会影响当事人的性格和处事的风格。

雪中送炭比锦上添花更得人心

当一个人在最困难、最无助的时候,得到了你的帮助,这样会让对方对你感激涕零。这就是心理学上常说的雪中送炭定律。事实上,当一个人孤立无援的时候,也是他内心最脆弱的时候,如果这时候你帮助了对方,则会让你更容易走进对方的心里。

老王买房差了三万块钱。于是他四处找人借钱。亲戚朋友都以各种借口拒绝了老王的请求。万般无奈之际,平日里不怎么往来的邻居上门给老王送来了钱。老王感慨地说:"真是远亲不如近邻啊。"从那以后,老王和邻居的关系越来越好。

在老王走投无路的时候,邻居雪中送炭及时给予了帮助,解决了老王的燃眉之急。从而让老王感激涕零,走进了老王的心里。由此可以看出,利用雪中送炭定律,更容易走进对方的心里。但是这时候一定要注意以下几个方面:

☞ **试试这样做**

1. 一定要及时

雪中送炭的时候，一定要及时，解决对方的燃眉之急。当人在走投无路的时候，是最渴望得到别人帮助的时候，是人们内心最柔软的时候，如果你能及时给予帮助，可以拉近双方的距离。

2. 不要提要求要挟对方

在给予对方帮助时要注意，即使你有求于对方，也不要这时提出来。否则会让对方觉得你是在做交易、要挟他。这样就很难走进对方的心里。当走进对方的心里之后，你再提你的要求，对方会慷慨相助。

3. 面对对方的感激要表现得谦虚

在别人最艰难的时候，伸出了援手给予了帮助，对方自然会感激你。这时候不管是言语上的感激，还是实物上的感谢，都不要轻易接受，而要表现得谦虚一些，让对方觉得你帮助他是出于真心，而不是有所图。

善于迎合他人，令其感受到重视

适当地迎合对方，可以让对方认为遇到了知己，有被重视的感觉。迎合对方是一门学问，不偏左不偏右，恰到好处。这样气氛会更融洽，老人与年轻人之间就不会有代沟，初次见面的人之间就减少了误会，人际关系会更和谐。因为你适当地迎合对方相当于你重视对方了，这样对方才会重视你，才会更关心你。

现在的父母亲老是怕孩子们吃不好、穿不暖，等等。整天为孩子着想，放学了担心他们在路上的安全，考试了担心他们的考试。有一名学生，她家里不太富裕，妈妈在儿童节的时候为她买了一条粉色的小裙子，问她："喜欢吗？"她说："喜欢！"再看看她的妈妈一脸欣慰的样子，就如同小女儿为她买了衣服一样高兴。

以上可以看出，消除长辈与孩子之间的隔阂，适当的迎合就可以让父母感觉到被重视，被理解，像得到了个宝贝一样惊喜，这对他们来说已经就很满足了。迎合对方让对方感觉到被重视要从以下几点着手：

👉 试试这样做

1.表达真情实感

迎合对方时，把心里的真情实感表达出来，这样可以让对方知道你的心思，有更想了解你的欲望。

2.多为对方着想

多想想对方的付出、对方所做的贡献，迎合对方要把握一定的度，要恰到好处，这样对方就更会有被重视的感觉。

3.要有一颗感恩的心

用一颗感恩的心迎合对方，相信任何人都不会拒绝这千里之外就能体会到的真情。当一切都虚无缥缈的时候，感恩的心是不会变的。

第 12 章
从心沟通：如何在言谈之间掌握对方的内心

沟通是人与人之间交流的桥梁，没有沟通就没有相互交流的平台。而生活中，有些人在与人交流的时候，总是企图在语言上胜出，以此来让别人接受自己的意见或者观点，结果总是事与愿违。其实，这是因为他不知道真正的沟通需要从心理的角度入手。每个人都会以某种形式进行沟通，但有效沟通的第一步，就是要掌控对方的心理。这样才能做到在不同场合下，针对不同人的不同心理，做到对症下药，成功传递信息，真正达到沟通的目的。

空白效应：适时沉默好处多多

心理学有一现象叫"空白效应"，指的是故意设点悬念、吊一吊胃口，给他人留下想象的空间，更能激发人的好奇心和求知欲，让大脑变得活跃起来。而"满堂灌"、全盘告知后，人们不仅容易产生心理疲劳，大脑的创造性思维还可能受到压制。有句老话"此时无声胜有声"，生活中，我们与人交流的时候，不妨也学着留出空白，也许事半功倍。例如，演讲时设个包袱，让人不得不对你"穷追不舍"；给他人提意见时，说个引子就打住，让对方自己反省。

一次，有位老师朗读课文《孔乙己》，当他读完最后一句"——大约孔乙己的确死了"，全班学生肃然，课堂顿时沉寂——他们沉浸在思考中。这是孔乙己的悲剧引起了他们的思考。这位教师维持着这种"课堂空白"，并不急于讲课，让学生继续自己去咀嚼、体味文章的内涵。两三分钟后，一个学生长吁了一声，课堂气氛又活跃起来了。这位老师马上抓住时机提问："孔乙己这个人似乎很可笑，但你读完之后，笑得出来吗？有什么感想？"学生们异口同声地回答："即使笑，也是沉闷压抑的""孔乙己既可怜又可气"。"好！"这位老师感到很满意，因为他并没有讲解，但是学生已经正确理解了教材的意图。

在课堂上，老师适当地留一些空白，会取得良好的授课效果。生活中，与人交流，也可以借助此效应。但并不是留下任何空白都能起到效应的。也就是说，留空白是一门艺术，不是一件简单、随意的事。那么，我们该怎么留空白、适时沉默呢？

试试这样做

1. 要掌握火候

沉默要把握时机。例如，尽量在对方心存疑念、渴望得到答案时候沉默，这样，能很好地起到吊胃口的作用。

2. 要精心设计

我们要学会找到"引"与"发"的必然联系，当问题产生后，可以对对方适当点拨，使对方有联想。然后以"发问""激题"等方式的诱因激起对方的思维，让他自己获悉答案，以此填补思维空白点，获取预期的效果。

总之，适当沉默是你处理人际关系的无声"武器"，它会让你在与人沟通的过程中畅通无阻！

顺应对方的个性心理，选对沟通方式

人们在交际中既有普遍的共性心理，也有明显的个性心理。如果能针对人们的个性心理切入交流活动，就可以获得满意的交际效果。

一个客户欠了迪特毛料公司150美元。一天，这位顾客愤怒地冲进迪特先生办公室，说他不但不打算付这笔钱，而且再也不买迪特公司的东西。那人说了将近20分钟，迪特才接着说："我要谢谢你告诉我这件事，你帮了我一个忙。既然你不能再买我们的毛料，我就向你推荐一些其他的毛料公司，我们会把你的欠账一笔勾销的。"

后来，这个顾客又签下了一笔比以往都大的订单。他的儿子出世后，他给儿子起名叫迪特，后来他一直是迪特公司的朋友和顾客。

迪特的成功，就在于他明智地做出退让，很好地满足了对方的个性心理——好胜。其实，人们的个性心理有很多种，针对不同的个性心理,我们要对症下药,采用不同的谈话方式。

试试这样做

1. 赞扬法满足人的称许心理

人们都有自我价值认定的需要。真诚的赞扬不仅能激发人们积极的心理情绪,得到心理上的满足,还能使对方对你产生良好的印象与交往的欲望。

2. 求教法满足人的自炫心理

人们对于自己具备的技能都有一种引以为荣的心理,如果想同这些人结识相交,那采取求教法是最有效的切入。

3. 欣赏法满足人的自信心理

一个人往往对自己所崇信的对象或采取的做法坚信不移,有时宁愿相信自己一向认定的事实,也不愿意接受来自他人的纠正。他所喜欢的东西如果能够得到你的欣赏,你便能得到他的认可。

4. 降岁法满足人的年轻心理

人们都希望在别人面前表现得更年轻,更具有青春的活力。如果交谈从满足人的年轻心理切入,很快便能营造出温馨和谐的氛围,为成功交际开启一扇方便之门。

5. 问候法满足人的尊敬心理

无论是年长者还是年轻者、位尊者与位卑者,都期望别人尊重自己。因此，那些懂得尊重别人的人，人们对他产生好感就是情理之中的事了。而主动问候就是最便捷、最简单的表达一个人的敬意的交际行为。

可见，在与人交流的过程中，把满足对方的心理需要作为交际的切入点，是取得交谈成功的捷径。

总结共鸣，拉近彼此心理距离

与人交谈的过程中，我们必须在缩短心理距离上下功夫，力求在短时间内了解得多些，缩短彼此的距离，才能在感情上融洽起来。孔子说："道不同，不相为谋"，志同道合，才能谈得拢，有共鸣才能使谈话融洽自如。

在一家旅店，一个旅客正悠闲地躺在床上欣赏电视节目，一个刚到的先生放下旅行包，稍拭风尘，冲一杯浓茶，开始研究那位看电视的旅客。

"你家乡是哪里啊？"

"扬州。"对方回答。于是，他就顺着扬州这个话题继续交流："是吗？我姑妈家也在那儿。小时候我在那儿住过一段时间，那是个不错的好地方呢，不但风景美丽，住在那儿的人们也颇具文人气息。"

"是啊，我们扬州……"谈起家乡，对方很快兴奋起来。于是，两人很快熟络起来。

在上面的例子中，两位互不相识的旅客，能够一见如故，交上朋友，就在于他们之间有共鸣——扬州是个好地方。

可见，一个懂得沟通技巧的人，更是一个心理分析师，他总是能找到一些共同的话题，和对方产生共鸣，哪怕是刚见面的陌生人，也能很顺利地进行沟通，这就是人们常说的"自来熟"。

那么，我们怎样才能总结共鸣，从而拉近与对方的距离呢？

试试这样做

1.适时切入，看准形势，不放过应当说话的机会

从心理学角度分析，交谈是双边活动，光了解对方，不让对方了解自己，同样难以深谈。适时插入交谈，适时地自我表现，能让对方充分了解自己，能把你的知识主动有效地献给对方，实际上符合"互补"原则，奠定了"情投意合"的基础。

2.借用媒介寻找自己与对方之间的媒介物，以此找出共同语言，寻找共鸣

如见一位陌生人手里拿着一件什么东西，可问："这是什么……看来你在这方面一定是个行家。正巧我有个问题想向你请教。"对别人的一切显出浓厚兴趣，通过媒介物表露自我，交谈也会顺利进行。

3. 留有余地

留些空缺让对方接口,使对方感到双方的心是相通的,交谈是和谐的,进而缩短社交距离。

人与人之间,一定有许多相同的地方,或者是共同的兴趣爱好,或者是在籍贯、经历方面有相似的地方,这都是产生共鸣的来源。只要你多花些心思,多一些锻炼,肯定能够找得到。

让对方读懂你想让其更了解你的心思

生活中,我们与人沟通的时候,并不一定是将内心隐藏得越深,越能达到目的。相反,有时候,我们若能"暴露"自己,让对方看出我们的心理,越能避免一些误解的出现,越有助于彼此间的交流与沟通。

晚饭后,几个研究生因为一个没有解决的课题,去向教授请教。时间过得飞快,不知不觉,已谈到夜深,教授接过其中某个学生的话题说:"你们提的这个问题很值得研究,明天我去上海参加一个学术会,准备就这个问题找几位专家一块聊聊。"几位学生立刻起身告辞:"很抱歉,知道您明天还要出差,耽误您休息了。"教授连忙说没关系。

在这种情况下,教授若直接告诉学生们自己要休息了,虽可以达到辞客的目的,但却显得是在"逐客",这些学生也会陷入尴尬境地。他隐晦地表达出来,不仅顾及自己的身份,也保住了学生们的面子,可谓一举两得。

一般来说，我们可以通过以下方式来让对方了解我们的心理。

试试这样做

1. 妙用体态语

体态语指凭借身体的动作或表情来表达某种意思、情绪的无声语言。例如，当我们对对方的请求无可奈何的时候，可以轻轻地摇头叹息；当我们同意、赞成对方的话时，最简单的表达方式就是点头，也可以面露微笑，友好、坦率地看着对方；当我们愤怒时候，可以瞪大眼睛，用力地揉抓自己的头发等。

2. 巧妙的语言暗示

案例中的教授就是运用的这一方法。这种方法一般可用批评、提意见等沟通场景中，因为如果直言的话，可能会造成意料之外的误会。

总之，巧用心理策略，在心理沟通中，能更好地传递你想要表达的信息，使对方立即获得情感上的满足。与此同时，沟通的效果就产生了——对方会以礼貌回敬！

适当自嘲,让言谈在轻松的环境下进行

在交谈中,当对方把你置于尴尬境地时,借助自嘲可以摆脱窘境,是一种恰当的选择。在一些场合,运用自嘲还可以增添情趣,融洽气氛。自嘲是缺乏自信者不敢使用的技术,因为它要你自己嘲笑自己。也就是要拿自身的失误、不足甚至其他缺陷来"开涮",大胆地、无情地"亮丑",然后巧妙地引申发挥,自圆其说,博得一笑。可见,没有豁达、乐观、超脱、调侃的心态和胸怀,是无法做到自嘲的。通常情况下,人们都喜欢与具备这些素质的人交往。

在一次综艺晚会上,艺人凌峰登台献艺。

凌峰:"大家好!我叫凌峰——凌峰的凌,凌峰的峰。"(众大笑)"各位听过凌峰唱的歌没有?"(有的回答"听过",有的回答"没有")

凌峰:"没有听过凌峰唱歌的朋友,终生遗憾。"(众笑)"听了一次凌峰唱的歌,遗憾终生。"(众大笑)

可见，自嘲具有奇妙的作用，它是机智应变语言的重要内容之一，在交谈中具有特殊的表达功能和使用价值。那么，我们怎样才能做到自嘲呢？

试试这样做

1. 放下架子，开自己的玩笑

人际交往中，开开自己的玩笑，适当自嘲一下，可以缓解他人压力，还能让对方觉得你有人情味，从而让人心里舒坦。而这就需要我们自己先放下架子，自嘲并不会损失尊严。

2. 营造沟通的氛围

不要仅仅停留在替自己辩解的层面上，更重要的是让尴尬的环境变得轻松。沟通只有在轻松的氛围下才会产生良好的效果。当尴尬出现的时候，适当自嘲，不仅可以给自己解围，还可以缓解气氛。

3. 自嘲要把握分寸

自嘲不是自我辱骂，不是出自己的丑，要把握分寸。

总之，力求个性化、形象性并学会适当自嘲，往往可以使自己说话变得有趣起来。这样，我们在笑自己的同时，也鼓励了别人和我们一起笑！

听人说己，能帮助我们更轻松地把控人心

生活中，我们与人交流的时候，如果我们细心观察，可以发现，从他人的语言中，我们能够或多或少剖析对方的心理。他说话的口气，语调足以彰显出内心的态度；淡淡的短言少语意味着不耐烦；好似退让的冷语暗示着一种责备与生气；只有听到近似可笑的话语时，那才是亲切……可见，如何说话确实需要我们耐心地去思考，也就是人们常说的察言观色中的"察言"，"察言"是指通过对方的言谈了解其性格、品质、情绪及其内心世界，从而摸透对方的心思。善于"察言"的确是社交的一种要强技能。但这并不是说思考研究语言就是为了"察言"，更重要的是怎样通过语言来把控人心，从而拉近心灵。

那么，我们该怎样通过听人说话，把握对方的内心世界呢？我们可以从下面几个方面掌握：

试试这样做

1. 从语速上的变化识别对方的心理动态

如果对方语速突然加快，一般表示他们有愧于心或是在说

谎；而如果对方语速变得迟缓，甚至变得不善言谈，往往表示其心怀不满，或者持有敌对态度。

2. 从声调变化识别对方的心理状态

对方突然提高了说话的音调时，多半表示他与你意见相左，想在气势上胜过你。如果对方说话时突然语气婉转，转换说话的方式等，那么，他要么是想"图谋不轨"，要么就是想要吸引别人的注意力，自我表现一番。

3. 从用词上识别对方的心理状态

说话时经常故意使用一些新鲜词汇或者晦涩难懂的词语的人，并不见得有多高明，其实那些人多是将词语作为掩饰内心弱点的盾牌。

当然，有关"听人说己"的具体内容还有很多，而且某些人甚至能在语言中掩饰自己，这就需要我们更加细心地去推断他们的真实意图，并结合其他因素综合把握，具体情况具体对待。只要你是一个有心人，就一定会逐渐拥有这种能力。

让你的身体助你表达心理

语言是我们沟通的常用工具,但人类除了语言,还有其他的交流工具,那就是身体语言。一颦一笑甚至一个眼神,都体现了某种情感、某个想法、某种态度。

很多人认为语言的交流方式给人提供了大部分的信息,事实上,心理学家发现,人类的沟通更多的是通过他们的姿势、仪态、位置以及同他人距离的远近等方式,而不是面对面地进行的。人际交流中65%的信息是以非语言的方式进行的,而且,身体语言还有一个很大的优势,就是真实性。人可以口是心非,但却很难做到身是心非。因此,在与人交流的时候,我们可以让身体语言帮助我们表达真实心理。

在一家公司做秘书的小吴,拿着文件去找新来的经理签字,在打开文件的时候,不小心碰翻了经理放在桌子上的茶杯,茶水淋湿了文件,也淋到了经理的裤子上。她吓得不知所措,等待着经理大发雷霆。可是经理并没有骂小吴,只是笑了笑,并自己起身擦拭身上的水,小吴心里这才松了一口气。从那以后，小吴做事更加卖力了。

这名新来的经理是明智的，他并没有说什么，而是用微笑和擦拭衣服的动作让秘书心中释然，秘书心存感激，自然会卖力工作。

试试这样做

我们可以这样对交流对方表达我们的友好。

（1）身体前倾。这表明你是对方的听众，也是自信的表现；而靠在椅背上表明你缺乏信心。

（2）眼神不要游离。

（3）找一个舒服的位置让你的双臂放松，展示出你开放的姿态。不要折叠你的怀抱，这让你看起来充满敌意。

（4）确保你的面部表情匹配你的信息。如果你谈论的事情很伤心，不要笑；如果你对讨论的话题很积极乐观的话，则需要微笑的表情。

（5）挺起胸膛，不能懒散。

（6）永远不要把你的手在你的口袋里。

身体语言透露出一个人的社交态度、个人修养、当时心情等很多的"秘密"。因此，与人交谈的时候，我们不仅要学会观察对方的身体语言，还要学会运用身体语言表达真实心理。

打开对方兴趣的话匣，令其愿意说下去

在人际交往交流沟通中，能用来接近对方的话题俯拾皆是，关键在于要善于根据特定的情境去发掘，并恰到好处地运用。人们都有这样的感觉：与志趣相投的人谈话其乐无穷，与志趣相异的人谈话会感到"话不投机半句多"。掌握人们的这一心理，我们在交谈时从对方的兴趣爱好切入话题，让对方感到你与他志趣相投，话匣子就自然地打开了。

德国实业家哈根想向银行贷一笔款开发公寓，于是他拜访了银行经理肖夫曼。

哈根："肖夫曼经理，您好，今天温布尔敦网球赛停赛，我估计在办公室准能找到您。"

肖夫曼："哈哈，哈根先生对网球也有浓厚兴趣？"

哈根："好汉不提当年勇。年轻时，我还参加过温网赛呢，可惜第一回合就被淘汰了。"

肖夫曼："哦，原来是温网英雄。"

两人自然聊起网球球星的许多轶事来，这让肖夫曼觉得两

人十分投缘，大有相见恨晚之感。最后，哈根如愿以偿，与银行达成了利率优惠的贷款协议。

哈根之所以能从银行顺利贷到款，是因为他预先了解到肖夫曼有个嗜好：网球。于是来了个"投其所好"，巧妙地打开了肖夫曼的话匣子，双方都是网球迷，下面的业务问题就自然好谈得多。

那么，我们该怎样打开对方的兴趣话匣呢？

试试这样做

1. 从对方关心的对象谈起

交谈时如能从对方十分关爱的对象切入，也是一种投其所好的方式，有利于打开交谈局面。

2. 从对方最深切的情缘谈起

人是有情感的。交谈时，能从对方最深切的情缘切入，情深意切，往往能使其打开话匣子，达到交谈的目的。比如，你可以从对方的口音入手："您也是吗？"

3. 从对方"在行"的话题谈起

常言道，三句话不离本行。人们都喜欢谈论自己在行的话题，因为它关系一个人的成败与荣辱。因此，我们与人交流时，要接近对方，可以从他最精通的话题谈起，常常能够引发对方的谈话兴趣，唤起对方的成就感，让他觉得与你有共同语言，有"话逢知己千杯少"的感觉，交谈就会有好的结局。而对于你所熟悉的专门学问，对方不懂，也没有兴趣，就请免开尊口。

总之，与人沟通，要从心理的角度，及时抓住有利时机，投其所好，打开对方的话匣子。做到这一点，交谈就成功了一半。

欲扬先抑定律,最后说出的好话

美国心理学家阿伦森·兰迪做过一个试验。他把被试者分为四组,对他们采取不同的态度,得到了被试者不同的反应:

对第一组被试者始终否定(-,-),被试者不满意。

对第二组被试者始终肯定(+,+),被试者表现为满意。

对第三组被试者先否定后肯定(-,+),被试者最满意。

对第四组被试者先肯定后否定(+,-),被试者表现为最不满意。

从这个实验,心理学家得到了一个心理规律:在对别人进行肯定或否定、奖励或惩罚时,先否定后肯定,最容易给人好感;相反,先肯定后否定,则给人感觉最不好。

我们把这种先否定后肯定,先抑后扬给人最好感觉的心理规律称为"欲扬先抑定律"。

这个心理学定律在与人沟通的过程中同样适用,与人沟通,用好话来压轴,更容易获得别人的好感。

据说，有一家人为了给老太太祝寿，就把唐伯虎请来，恭请唐伯虎为他们写祝寿词，唐伯虎也不推辞，提笔就写道"这个女人不是人"，众人一看，顿时大吃一惊，脸上皆现怒色。唐伯虎也不理会，接着写道"九天仙女下凡尘"，看了第二句，众人转怒为喜，终于松了一口气。唐伯虎接着写"生个儿子都是贼"，这下热得儿女们怒气冲天，恨意顿生。最后一句，唐伯虎落笔"偷来蟠桃献至亲"，这下，众人才明白唐伯虎的高才。真是一波三折，令人叹为观止，于是，众人皆欢，赞不绝口。

唐伯虎的一番话可谓妙趣横生。那么，我们该怎样在沟通运用此定律呢？

试试这样做

（1）我们如果想让别人感觉良好，宁可欲扬先抑，也不要先扬后抑。

（2）如果对别人既有肯定又有否定，要把否定说在前面，肯定说在后面。

（3）如果想要别人对我们的成绩感觉良好，可以先降低他们的心理期待。

幽默让沟通更有趣味

生活中我们发现，一个说话幽默的人，无论走到哪里都会受到人们的欢迎。相反，一个说话毫无风趣可言的人，只会惹人厌烦。从心理学的角度看，幽默的语言可以使我们内心的紧张和重压释放出来，因而人们一般都喜欢与幽默的人打交道。

有一次，一位女士怒气冲冲地走进一家水果店，向店主喝道："我儿子在你们这儿称的苹果，为什么缺斤少两？"店主先是一愣，随即很有礼貌地回答："请你回去称称孩子，看他是否长重了。"

这位妈妈转念一想，立刻恍然大悟，脸上怒气全消，心平气和而不好意思地对营业员店主说："噢，对不起，误会了。"原来，这位店主认准了自己不会称错，那便只剩下一种可能，即小孩把苹果偷吃了。

店主是聪明的，他并没有和顾客争论水果怎么会不够称，而是采用幽默委婉的语气指出顾客所忽视的问题，既维护了水果店的信誉，又避免了一场争吵，赢得顾客的好评。可见，幽默能有效地降低人与人之间的"摩擦系数"，化解冲突和矛盾。

那么,我们怎样制造幽默呢?

☞ **试试这样做**

1. 比喻

比喻是用跟甲事物有相似之点的乙事物来描写或说明甲事物。比喻在幽默中的巧用,可以起到表达具体、形象、生动的作用。

2. 双关

双关,指的是利用词语同音或多义等条件,有意使一个语句在特定的语言环境中同时兼有多种意思,表面上说的是甲义,实际上说的是乙义;类似我们平时所说的一石三鸟、一箭双雕、指桑骂槐,即言在此而意在彼,营造活跃气氛,使对方心悦诚服地接受你的要求。

3. 夸张

夸张是为了表达强烈的思想感情,突出某种事物的本质特征,运用丰富的想象力,对事物的某些方面着意夸大或缩小,进行艺术上的渲染。

总之,幽默运用得好,便能暗合交流对方的心理,使交谈平添许多风采。如果用不好,会使对方反感,造成交谈障碍。当然,幽默也要审时度势,伺机而用,不宜到处乱用。

用你的神情表达对对方言辞的关心和专注

神情是心情的镜子。我们在与人交流的时候，可以通过神情来传达内心对对方的关注。因为每个人在与人沟通的时候，都希望自己的观点被人重视，都希望被人倾听。

小叶已经到了结婚的年纪，却一直没有对象。为此，她只好接受家里人安排的相亲。几次相亲后，小叶如愿以偿，顺利步入了婚姻的殿堂。婚后，她的丈夫问她："我不明白，为什么当初你选择了我，而没有选择那些有钱人呢？"小叶的回答是："因为你与众不同，你是唯一一个在我说话的时候，用柔和的眼神注视着我的人，而他们要么眼神游离，要么表情僵硬……"

从小叶的话中我们可以发现，用神情来表达内心的关注，更容易拉近心理距离，也更有利于沟通。

那么，我们该怎样用神情表达关注呢？

试试这样做

1. 通过表情表达关注

我们与人交流的时候,要向对方传达正面的信息:伴着微笑而注视对方,是融洽的会意;皱眉注视着他人,是担忧和同情。如果你想和别人建立良好的默契,应60%~70%的时间内注视对方,注视的部位是两眼和嘴之间的三角区域,这样信息的传接会被正确而有效地理解。

2. 通过视线表达关注

我们从外界得来的信息,有90%来自眼睛。眼睛也最有表现力,有道是"眼睛是心灵的窗口"。在人际交往中,目光交流不仅可以相互交换信息、传达彼此的看法,更重要的是能相互之间建立起信任、理解。不同的目光反映着不同的心理,产生着不同的心理效果。

听别人讲话时,一面点头,一面却不将视线集中在谈话者身上,表示对来者和话题不感兴趣。说话时,将视线集中在对方的眼部和面部,表示真诚的倾听、尊重和理解。因此,如果你希望给对方留下较深的印象,你就要凝视他的目光久一些。

3. 通过倾听传达关注

当你与对方交流时,无论你手中的事情多么重要,都要停下来,并倾听对方说话,这是尊重对方的前提。相反,则是怠慢、冷淡、心不在焉的表现。

总之,如果你想在交往中获取成功,那就要以期待的目光注视对方的讲话,不卑不亢,只带浅淡的微笑和不时的目光接触,这是常用温和而有效的方式。

第 13 章
掩藏内心：如何掩饰内心真正的意图

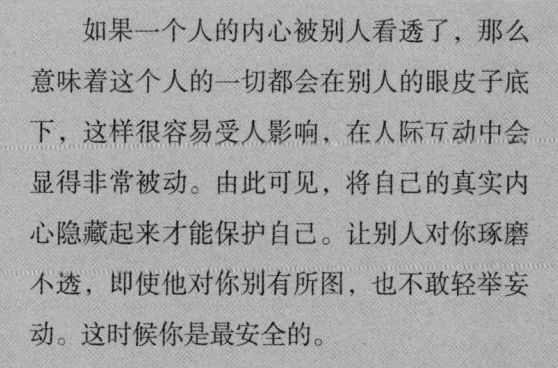

如果一个人的内心被别人看透了，那么意味着这个人的一切都会在别人的眼皮子底下，这样很容易受人影响，在人际互动中会显得非常被动。由此可见，将自己的真实内心隐藏起来才能保护自己。让别人对你琢磨不透，即使他对你别有所图，也不敢轻举妄动。这时候你是最安全的。

晕轮效应，懂得隐藏自己的弱点

有时候，当我们在某一方面表现得优秀时，别人便会觉得你在其他方面也很优秀，从而对你另眼相看。这种想象就是心理学上的晕轮效应。在晕轮效应下，不要轻易暴露自己的弱点，一个完美的你让别人找不到弱点，才能防止对你进行操纵和驾驭。

华扬唱歌非常好听，屡次在文艺晚会上献唱，博得了大家的一致好评。在这次公司举办的舞蹈大会上，华扬报了个人独舞。实话说她的舞跳得并不是特别好。但是在预决赛的彩排中，华扬一路畅通，竟然没有遇到对手。很多平日里舞蹈跳得比较好的员工，得知华扬阳参加了舞蹈比赛，纷纷退却了。他们觉得有华阳扬在，他们要想夺冠是不可能的。就这样，华扬这个刚刚学会跳舞的入门者竟然获得了舞蹈第一名的大奖。

华扬因为歌唱得好，大家都认为她舞跳得也好，所以放弃了与她争夺冠军。在这个过程中，华扬隐藏了她不会跳舞的弱点，在晕轮效应下，大家都觉得她是舞蹈皇后。由此可见，隐藏你的弱点，把你的真实内心隐藏起来，让别人对你产生敬畏，从而不敢进行操控和驾驭。那么，在隐藏弱点的时候要注意哪些因素呢？

☞ 试试这样做

1. 要保持神秘感

在制造晕轮效应、隐藏自己弱点的时候，要懂得惜言惜行，让别人觉得你很优秀。尤其是向别人展现了你的优点之后，要学会保持神秘。

2. 多展现自己的优点

当你不停地展现自己的优点时，别人的注意力全在你的优点上，自然会忽略你的弱点。所以，展现优点是隐藏弱点最好的方式。

3. 要学会移花接木

当别人发现了你的弱点，对你进行攻击时，要懂得移花接木，将对方的注意力引到别的事情上去。

声东击西，让对方摸不着头脑

在生活中，当我们的心意被别人探知后，实现的过程中总会受到挤压和阻挠，增大我们成就心事的困难。因此，很多人喜欢声东击西，伪装自己的心意，将他人的注意力吸引到别处，从而减少阻挠，减轻压力。

李明在一家广告公司负责一项重大竞标项目，竞争对手实力强劲，且对他们的策划方案虎视眈眈。为赢得这一项目，李明在团队内部秘密制订了两个截然不同的策划方案：一个是看似大胆前卫的新媒体营销方案，另一个则是深入人心的传统媒体传播方案。李明对外宣称他们将全力投入新媒体营销，同时利用非工作时间与核心团队悄悄打磨传统媒体传播方案。

投标当日，当竞争对手满怀信心地拿出一款类似的新媒体营销的方案时，李明却呈现出了那份独具匠心的传统媒体传播方案，最终赢得了客户的高度赞赏和项目合同。

声东击西，将心思严密地隐藏起来，这样减少了不必要的压力和阻挠，从而实现了自己的意愿。因此，当你想要做一件事情的时候，不妨采用声东击西的策略，用你的相反的态度掩饰心思。那么，如何采用声东击西的策略时呢？

试试这样做

1. 对"东"表现出足够的兴趣

在采用声东击西的策略来掩饰真心时，在所声称的"东"上要表现出浓厚的兴趣。如果你声"东"，却对"东"没有兴趣，别人自然不会相信。

2. 暗地里对"西"下足功夫

在声"东"的同时，要把更多的精力留在"西"上下功夫。如果"西"上没有硬功夫，再声"东"也没有意义。

3. 关键时候抓"西"丢"东"

声东击西的目的是掩人耳目，在关键时候，要懂得抓"西"而放"东"，掩藏到一定程度上，就要实现心愿。

首因效应：给人留下良好的第一印象

生活中，我们往往会根据别人留给我们的第一印象来对对方进行评价和认知。这就是心理学上的首因效应。由此可见，良好的第一印象直接决定着人际交往的成败。因此，当你和别人相处的时候，一定要给别人留下良好的第一印象，用良好的第一印象来伪装自己，将自己的真实想法隐藏起来。

实话说，天宝并不是个没有脾气的人，但是在和公关部的经理刘梅接触当中，却总是温文尔雅，让刘梅感觉到他是一个很有绅士风度的人。事实上这给他确实带来了很多的好处。在刘梅的帮助下，天宝在公司的人脉直线上升，而且社交圈也在一步步扩大。短短几年时间就升到了公司副总的位置上。

正是因为天宝伪装好了给刘梅的第一印象，赢得了刘梅的帮助，最终让自己的职业发展很顺利。那么，如何才能给人良好的第一印象呢？

> **试试这样做**

1. 了解对方的性格

要想伪装好给人的第一印象,首先要对对方的性格有个基本的了解,对方是雷厉风行、喜欢直接一些的人,还是温和谦让、很随和的人。然后根据对方的性格趋向,主动地迎合,让对方有似曾相识的感觉。

2. 与自己的内心相左

伪装自己,是为了不让对方看透你的心,所以表现出来的第一印象要与内心相左。比如你想晋升,那么就要在人前埋头做事,表现得对权力没有兴趣。这样,对方感觉不到你的真实内心,相对于你来说就是安全的。

3. 要学会谦恭低调

即使你内心再有想法,也不要轻易地表露出来,要学会谦恭低调,表现得无欲无求。这样就不会撞到别人的枪口上。你是"好好先生",别人对你的感觉自然好了。

谨言慎行,不要轻易暴露自己的情绪

只要我们细心一些,就会发现生活中的人很多人都喜欢把自己的故事讲给别人听,希望获得别人的安慰和同情,正是因为如此,别人想要驾驭你,就会提及你的伤疤,从而让你有所畏惧,将你牢牢地控制住。

赵刚跟女朋友分手了,非常难受,一个人在借酒浇愁。隔壁宿舍的光头刘走了过来,拍拍他的肩膀说:"兄弟,怎么一个人在这里喝闷酒呢?"赵刚说:"还能怎么样啊,还不是跟女朋友分手了。"光头刘说:"这是怎么回事啊?"赵刚说:"她说我没钱,又没有男人味,看着就是吃软饭的料。你说说,我怎么就吃软饭了?怎么就没男人味了?"光头刘笑了笑摇了摇头。之后,赵刚和光头刘为争取队长展开了竞争。光头刘到处散播说赵刚没有男人味。这让赵刚名誉受损,光头刘如愿以偿当上了领导。

故事中的赵刚将自己的情感挫折告诉了光头刘,在关键时候，光头刘对赵刚进行诋毁中伤，赵刚退缩了。由此可见，当一个人情感外露的时候，往往会给别人留下空子，对你实施驾驭。因此，小心言行，不要随便泄露自己的情感才能保护自己。那么，在平日里如何做到小心言行，不轻易外露自己的情感呢？

试试这样做

1. 不要随便信任别人

当你信任一个人的时候，往往会没有任何心理防备。这时候很容易将自己的心思告诉对方。这无疑之中埋下了受人操控的把柄。要信任一个人需要长时间的观察，即使是最好的朋友，也不能绝对信任，因为你不能保证对方绝对忠诚。

2. 学会自己品尝伤痛

有了伤痛得靠自己来疗伤，别人谁也帮助不了你。所以不要把你的情感创伤告诉别人，要学会自己品尝伤痛。这样别人不知道你的痛苦，自然没有办法对你进行驾驭和控制。

3. 管好自己的嘴

要管好自己的嘴，不要随便乱说话。这样一定程度上能将你的情感挫折保密起来。

懒蚂蚁效应：安静观察，再采取行动

我们不得不承认，在工作和生活中，有一些人看起来无所事事，但是在关键时候，他们却挺身而出，解决我们遇到的棘手问题，这就是心理学上所说的懒蚂蚁效应。因此，在生活中我们也要做懒蚂蚁，用无所事事来掩饰自己的内心，在关键时候跳出来，实现自己的价值。

王璐是公司的法律顾问，平日里大家都忙着团团转，只有她坐在办公室里闲玩，为此，公司里的员工多多少少有些想法。对于此，王璐并不在意。时间久了，大家都觉得王璐是公司里可有可无的人，因而很少有人关注她。一次，公司的商标涉嫌侵权被别人告上了法庭。大家一时都慌了神。这时候王璐站出来代表公司跟对方进行了交涉，为公司争取了很大的利益。在年底的评选中，王璐被评为全公司贡献最大的员工。这是别人都没有想到的。

王璐平日里无所事事，但是在关键时候却发挥了重要的作用,最终被评为对公司贡献最大的员工。

由此可见,利用懒蚂蚁效应可以将真实的自己伪装起来,在关键时候发挥重要的作用,从而不受别人的操纵和控制。那么,在利用懒蚂蚁效应时,如何实现默默观察,最后再发挥作用呢?

试试这样做

1. 要用你的闲来迷惑别人

不要因为别人忙碌你也忙碌,要学会展现你的"闲",让别人觉得你不求上进,你没有本事,从而缺乏对你的关注。事实上,关注的人越少你越安全。

2. 暗中努力思考和观察

给别人展现"闲",但是不能真的无所事事。要暗中努力思考和观察,在关键问题上下功夫,而不是花精力去做一些无关要紧的事。

3. 具备一鸣惊人的实力

要具备一鸣惊人的实力,否则你隐藏心思便失去了作用。在关键时候也要把握住机会,一鸣惊人。

适时将自己的优势隐藏起来

毫无疑问，一个人表现得过于优秀了，会遭到别人的嫉妒，会被攻击。因此，适当地隐藏自己的优越之处，让别人看不到来自你的威胁。对于一个能力平平的人，别人没有理由和你纠缠，也没有时间和精力浪费在你的身上。

赵儿象棋下得非常好，从来没有遇到过对手。工作以后，公司组织了一年一度的文化娱乐活动，其中就有象棋比赛。报名参加的人非常多，赵儿也报了名。在预决赛中，一连赢了几次之后，赵儿发现自己成了大家攻击的对象，很多高手都和自己叫板。于是他故意输了很多盘，大家逐渐不再和他叫板了，而是和新的高手较量。赵儿很好地隐藏了自己的优势，在最终的决赛中，赵儿凭借着自己丰富的临战经验和机智灵敏，将对手杀了个大败。

将自己的优越之处隐藏起来，让别人感觉不到来自你的竞争和压力，从而忽略你、淡忘你，在关键时候再站出来，最终脱颖而出。在隐藏自己的优势时要注意以下几个方面：

👉 **试试这样做**

1. 敢于输，装成菜鸟

很多人看不透输赢，越想赢，结果却输了，不是能力不行，而是被人围攻，耗费了大量的精力和时间。因此，要敢于输，装成菜鸟，让别人轻视你，忽略你。从而减弱你走向赢的阻力。

2. 不要争强好胜

不要争强好胜，否则你将成为众人的靶心。没有人愿意承认自己比他人弱，你赢了一个人，会有下一个人和你较量。表面上看你是赢了，实际上却是输了。如果不是巅峰对决，最好避而远之。

3. 变优势为弱势

学会隐藏你的优势，将你的优势变成你的弱势。没有人愿意和一个弱者较劲。保全自己的实力，让别人摸不透你，以便在关键时候发威。

表露天真，心藏城府

生活中，很多人看起来非常傻，但是办起事情来却非常聪明，事实上他们才是真正的聪明人。他们用外在的天真来让别人产生误解，从而保护自己，而内心深处却很有城府。同样，我们要想隐藏自己的真实意图，也要学会外露天真，内含城府。那么，在隐藏自己的内心意愿时，如何才能做到外露天真，内含城府呢？

试试这样做

1. 要肯吃"亏"

在隐藏自己的内心意愿时，要学会肯吃"亏"。如果你的目标是摘"西瓜"，那么对于沿途的芝麻，要把它让给别人，这样让别人觉得你没有摘取的欲望，看不到你摘"芝麻"的意图，从而减少沿途的阻碍。

2. 不要和人争辩

不要随便和人争辩，你的争辩会让别人感觉到你强烈的欲望，这样无疑将你的内心意愿暴露在对方面前。相反，你的忍让则会让别人感觉到你无欲无求，从而很好地保护了内心的欲念。

3. 有自己的主意

外在显示出愚笨，但是内心千万不能同样木讷，要有自己的想法和主意。外在示弱无疑是为了掩盖自己的内心。有了自己的主见，就能很好地保护自己内心的意愿不会轻易被别人发现，不会轻易受人摆布，受人操控。

4. 不要随便发表意见

不要随便把你的想法和建议说出来，即使是别人问，如果时机不成熟，也不要随便讲。很多时候表面看上去是别人在争取你的意见，实际上是在探寻你的想法和计划。

当你外露天真，内有城府的时候，就能很好地迷惑别人，保护自己。将自己的内心意愿很好地保存起来，从而不受别人的操纵和驾驭。

以退为进，蓄势待发

在生活和工作中，如果你在某件事上投入过多的精力，则会让别人把你的心思看透，从而对你进行排挤和打压。这时候要学会以退为进，用退来吸引别人的注意力，让对方忽略你。等到你羽翼丰满的时候，再展翅高飞，别人想拦也拦不住你。

高飞参加了年级组的长跑项目，每天都在操场里锻炼。这引起了别的长跑运动员的不满，因为要是争得冠军，就有一万元的奖金，所以很多学生报名参加了。因此，每次到高飞训练的时候，一些别有用心的人不是在跑道上做手脚，就是鼓动高飞的朋友，让他们拉着他去玩。时间一长，高飞荒废了锻炼。之后，高飞不再锻炼了，而是选择睡觉来迷惑别人，当夜深人静的时候，他悄悄地跑到操场上锻炼。经过半年的准备，高飞以优异的成绩获得了冠军。别人始终想不明白，高飞成天呼呼大睡，成绩怎么这么好呢？

以退为进，把你的心思隐藏起来。这样别人以为你放弃了，自然不会再对你进行围追堵截。这在一定程度上减小了阻力，更有利于你前进。那么，在用以退为进、蓄势待发的时候要注意哪些因素呢？

👉 试试这样做

1. 千万不要松懈

以退为进，退缩只是为了掩人耳目，减小前进的阻力。因此一定要认识清楚，千万不要以为退缩了就放弃了，从而让自己的心态上松懈下来。要掩饰自己，积极进取。

2. 要表现出事不关己

既然为了掩人耳目，那么就要在别人面前表现出事不关己的态势。不要在别人讨论的时候发表高见，也不要在别人争取的时候冲上去，这样无异于掩耳盗铃。

3. 关键时候懂得展翅

退缩并不是最终目的，因此关键时刻一定要懂得展翅。以退为进，退只是方式，进才是最终的目的。要做到不鸣则已，一鸣惊人。

参考文献

[1] 连山.心理学越简单越实用[M].北京：中国华侨出版社，2018.

[2] 金圣荣.FBI微表情心理学[M].北京：民主与建设出版社，2016.

[3] 成正心.活学活用社交心理学[M].北京：电子工业出版社，2017.

[4] 宿文渊.图解人际关系中的心理策略[M].北京：北京联合出版公司，2017.